젊은 과학자에게

피터 메더워 | 조호근 옮김

서커스

런던 왕립학회에 바친다

Advice to a Young Scientist

Copyright © 1979 Peter Medawar

Korean Translation Copyright ©2020 by Circus Publishing Co.

Korean edition is published by arrangement with Basic Books, an imprint of Perseus Books, LLC,

a subsidiary of Hachette Book Group Inc., New York, New York, USA

through Duran Kim Agency, Seoul.

All rights reserved.

이 책의 한국어판 저작권은 듀란킴 에이전시를 통한

Perseus Books Group과의 독점계약으로 서커스출판상회에 있습니다.

저작권법에 의하여 한국 내에서 보호를 받는 저작물이므로 무단전재와 복제를 금합니다.

차례

머리말

이 책은 내가 처음 연구를 시작하던 시절에 읽었으면 좋았을 이야기를 지면에 옮긴 결과물이다. 독자 대부분은 그 시절에는 아직 태어나지도 않았을 것이다. 굳이 선배인 척하려는 것은 아니다. 그저 이제는 거의 모든 과학자가 나보다 젊은 사람들이며, 현직에서 연구에 매진하는 사람은 자신을 늙은이로 여기지 않는다는 사실을 직설적으로 지적하는 것뿐이다.

젊은이에게 조언을 건넨 것으로 이름난 폴로니어스, 체스터필드 경, 윌리엄 코베트*의 뒤를 따르고 있다는 사실도 잘 알고 있다. 이들의 조언은 물론 젊은 과학자에게 한 것은 아니지만, 그중 일부는 그대로 적용될 수 있다. 폴로니어스의 조언은 분명 분별 있는 것이었고, 자리를 뜨고 싶어 조바심 내는 레어티스의 감정이 너무 명백히 드러나기는 하지만("부디 자리를 뜨도록 허락해 주시겠습니까, 경애하는 아버님") 훌륭한 조언이라는 점은 변하지 않는다.

체스터필드의 조언은 주로 예절에 대한 것이며, 특히 아첨의 기술에 중점을 둔다. 사실 그의 조언은 과학자라는 직업군과는 거의 연관이 없는데, 어쩌면 그의 조언이 영문학계의 거대한 리바이어선이 휘두르는 꼬리에 직격으로 얻어맞았기 때문일지도 모른다. 그 해수海獸의 이름은 새뮤얼 존슨 박사로, 그는 체스터필드가 춤꾼의 예절과 창녀의 도덕률을 가르쳤다고 비난했다.

코베트의 조언은 전반적으로 도덕에 관한 것이나, 예절도 어느 정도 언급한다. 코베트에게는 존슨 박사의 불굴의 정신력은 없었지만, 문장력 측면에서는 다른 여러 훌륭한 영어 산문에 버금가는 재능을 엿볼 수 있다. 이 책의 곳곳에서는 이들 중 한 명, 또는 세 명 모두의 눈길이 독자를 주시하고 있다. 조언

---

* 윌리엄 셰익스피어(1603), 『햄릿』, 1장 3막; 필립 도머 스탠호프, 4대 체스터필드 백작(1694~1773), 『자식들에게 보내는 편지』(1774); 윌리엄 코베트(1763~1835), 『젊은 남성과 (덤으로) 젊은 여성에게 건네는 조언』(1829).

을 글로 옮길 때면 이들 세 사람의 영향에서 벗어나기가 거의 불가능하기 때문이다.

이 작은 책의 지향점과 목적은 뒤에 이어질 서론에서 설명해 놓았다. 사실 이 책은 과학자뿐 아니라 탐구 활동에 매진하는 모든 사람을 위한 것이다. 그리고 비단 젊은이들을 위한 것만도 아니다. 저자와 출판사는 추가 대금은 전혀 염두에 두지 않고서, 나이 든 과학자를 위한 조언도 몇 줄 정도 덧붙이려 노력했다. 그리고 나 자신은 다른 독자들도 염두에 두었다. 그 독자란 다름 아닌 일반인이다. 어떤 이유에서든 과학자라는 삶의 방식이 제공하는 쾌락과 괴로움에, 또는 과학계 종사자의 동기와 감정과 관습에 흥미가 생긴 사람들이 분명 존재하기 때문이다.

이 책을 읽다가 유달리 적절하고 이해에 도움이 되는 글귀를 발견한다면, 바로 그 부분이 해당 독자를 염두에 두고 쓴 부분이라고 여겨도 좋을 것이다. 그리고 이미 잘 이해하고 있는 부분이라면 별 흥미를 느끼지 못하고 흘려 읽게 될 것이다.

나는 영어에 중성적인 인칭대명사나 소유격이 존재하지 않는다는 사실을 항상 부끄럽게 여겼다. 이 책의 대부분의 문장은 '그'를 '그녀'로 바꿔 읽어도 무방하다. 5장을 보면 내가 언급하는 모든 내용이, 남성에게 적용된다면 또한 여성에도 적용

될 수 있다는 점이 명백하게 드러날 것이다.

과학과 과학자가 이 세계에서 맡아야 하는 역할에 대한 내용은 개인적 수준의 '철학'에 기반을 두고 있는데, 사실 어쩔 수 없는 일이다. 이 책은 개인적인 의견으로 가득하므로, 여기서 미리 슬쩍 선언하고 넘어가도록 하겠다. 전시의 영국에서 라디오의 아나운서는 대중 청취자들과 친밀한 관계를 유지하기 위해 항상 자신의 신원을 밝히고는 했다. 따라서 다음과 같은 형식의 소개가 종종 뉴스 앞에 들어갔다. "아홉 시 뉴스입니다. 저는 오늘의 뉴스를 전해드릴 스튜어트 히버드입니다." 이 책의 형식과 내용에 대해서, 나는 이렇게만 선언하겠다. "제 의견입니다. 그리고 제 입으로 직접 전해드립니다." 내가 '의견'이라는 단어를 사용하는 이유는, 내 판단이 체계적인 사회학적 연구로 검증된 것이 아니며, 반복되는 비판적 공격을 견뎌낸 가설이라고도 할 수 없기 때문이다. 이 모든 내용은 그저 개인적 판단일 뿐이지만, 나는 그중 일부가 사회과학자들의 눈에 들어가 제대로 검증받기를 내심 바라고 있다.

그러면 이런 책을 쓸 자격이라 할 만한 개인적 경험을 열거해 보겠다. 나는 상당히 오랜 기간 옥스퍼드에서 지도교수직을 맡았으며, 당시에는 한 사람의 지도교수가 휘하 생도들의 지적 성장을 온전히 전담해야 했다. 양쪽 모두에게 흥분되는 경험이라 할 수 있을 것이다. 당시 훌륭한 지도교수는 생도의 성장에 있어 특히 흥미나 재능이 있는 일부분이 아니라 지적 활동 전반을 훈육해야 했다. 물론 여기서 '훈육'이란 비교적 중요도가 떨어지는 '사실 정보의 전달'을 의미하는 것이 아니라, 사색과 독서의 방향을 잡아 주고 숙고를 권장하는 쪽에 가까웠다. 나는 훗날 학과장으로도 여러 번 근무했는데, 처음에는 버밍엄 대학에서 시작하여 나중에는 런던 종합대학으로 옮겨왔다. 이후에는 온갖 연령대와 경력의 과학자들로 가득한 대형 연구기관인 국립 의학연구소의 소장도 맡았다.

나는 이런 여러 환경에서 상당한 호기심을 품고 주변에서 일어나는 일에 관심을 기울여 왔다. 게다가 나 자신도 한때 젊은이였다.

이제 홍보용 나팔은 내려놓고, 내 후원자인 앨프리드 P. 슬로언 재단에 깊은 감사를 표하고 싶다. 그들은 바쁜 전문직의 일상에서 이 책을 집필할 시간을 아주 간단하고 납득 가는 방법으로 마련해 주었다. 경고하거나 예시를 들 때마다 과학자로서의 개인적 경험을 필요 이상으로 자주 끌어오게 된 것은, 내 의지가 아니라 오로지 후원자 쪽의 의지였음을 이참에 밝히고 싶다.

내가 처한 특수한 상황 때문에, 내 모든 책은 주제를 막론하고 사랑하는 아내의 지원과 협력이 없었더라면 세상의 빛을 보지 못했을 것이다. 이 책은 홀로 집필한 것이기는 하지만, 내 아내는 이 책도 읽어 주었다. 그녀의 분별력과 문학적 판단력을 완벽하게 신뢰하는 내가 종용했기 때문이다.

이 책의 출판용 원고 작업은 내 비서이자 조수인 헤이스 부인이 맡아 주었다.

이 책을 쓰거나 구술하는 동안 친절하고 참을성 있게 도와준 가까운 친구들인 진과 프리드리히 다인하르트, 바버라와 올리버 풀, 파멜라와 이언 매캐덤에게도 깊은 감사를 표하고 싶다.

P. B. 메더워

젊은 과학자에게

1. 서론

이 책에서 나는 '과학'이라는 단어를 제법 폭넓게 해석하여, 자연 세계를 올바르게 이해하려 노력하는 모든 탐구 행위를 칭하는 용어로 삼았다. 이런 탐구 행위는 보통 '연구'라고 부르는데, 바로 이 '연구'야말로 이 책의 주제라 할 수 있다. 물론 연구란 과학적이거나 과학에 근거한 다양한 행위 중에서도 지극히 일부에 지나지 않는다. 과학 행정, (과학의 성장과 함께 중요성이 커지는) 과학 저널리즘, 과학 교수법, 약품이나 조리식품, 기계 등의 다양한 공산품, 그리고 섬유를 비롯한 대부분의 원자재 생산 공정의 감독 및 실행이 모두 과학적 직업에 포함될 수 있다.

최근 조사에 따르면, 미국에서 자신을 과학자로 분류하는 사람은 493,000명이다.* 이는 상당히 많은 수이며, 심지어 국립과학학회의 명확한 분류 기준을 적용해서 313,000명까지 줄여도 많다는 사실 자체는 변하지 않는다. 영국의 과학자 수도 전체 인구에서 차지하는 비율로 따지면 엇비슷한 수치가 된다. 산업성의 1976년 통계에 따르면, 영국에서 자격을 갖춘 과학자의 수는 307,000명이며, 그중 228,000명이 '경제 활동 종사자'였다. 10년 전까지만 해도 이 수치는 각각 175,000명과 42,000명이었다. 그렇다면 전 세계의 과학자 수는 어림잡아 75만 명에서 100만 명 정도가 될 것이다. 그 대부분은 아직 젊으며, 전원이 조언이 필요하거나 과거에 필요로 했던 사람들이다.

논의가 연구에 집중되어 있다는 점에 대해서는 따로 사과하지 않겠다. '젊은 작가를 위한 조언'의 저자가 인쇄, 출판, 논평 등의 부수적이고 보조적인 내용이 아니라 창작과 집필에 지면의 대부분을 할애하는 것과 마찬가지라고 생각하면 된다. 즉 부수적인 내용이 중요하지 않다는 의미가 아니라는 것이다.

---

* 이 통계는 해리엇 주커먼의 『과학계의 엘리트』(런던: 맥밀런, 1977)에서 인용했다.

내 주제는 자연과학의 연구지만, 그 외의 탐구 활동 전반도 항상 염두에 둘 것이며, 이 책의 내 조언은 단순히 실험실과 시험관과 현미경의 세계뿐 아니라 사회학, 인류학, 고고학, 그리고 '행동과학' 전반에도 적용될 수 있으리라 생각한다. 우리가 탐구하고자 하는 '자연 세계'를 구성하는 가장 중요한 동물종이 바로 인간이라는 사실을 잊지 않을 것이기 때문이다.

'진짜' 연구 과학자와 기계적으로 과학 작업에 매진하는 기술자를 명확히 구분하는 일은 쉽지 않을뿐더러 이러한 구분이 꼭 필요한 것도 아니다. 자신을 과학자로 분류하는 50만 명의 종사자 중에서는, 이를테면 훌륭하게 정비된 대형 공공 수영장에 고용된 사람들도 있을 것이다. 수영장 물의 철분 농도를 검사하고 박테리아나 균류가 증식하지 않도록 감시하는 사람들 말이다. 이런 사람을 과학자로 간주하겠다고 말하면, 사람들은 그 말을 터무니없는 허세로 여기며 경멸 섞인 코웃음을 흘릴 것이다.

하지만 사고방식을 전환해 보자. 과학자란 과학 행위를 하는 사람이다. 만약 그 수질 검사원이 똑똑하고 야심 있는 사람이라면, 자신이 교육 과정에서 배운 과학에 공공 도서관이나 야학에서 배운 박테리아학이나 의학적 균류학을 덧붙여 보강하려 할 수 있다. 검사원은 그 과정에서 수영장 물이 쾌적하게 느껴지는 적정 온도와 습도가 미생물의 번식에도 바람직한 환경이라는 사실을 깨닫게 될 것이다. 역으로 박테리아를 억제하는 염소가 인간에게도 해를 끼친다는 사실도 알게 될 것이다. 검사원이 이쪽으로 사고를 이어가다 보면, 고용주에게 막대한 비용을 청구하거나 수영장 이용객을 쫓아내지 않고도 박테리아와 균류를 억제할 수 있는 최적의 방법을 찾아낼 가능성도 있다. 어쩌면 자신의 대체 정화 방법을 검증하려 소규모 실험을 수행할 수도 있을 것이다. 미생물 개체수와 수영장 이용객 수의 관계는 어차피 기록하고 있을 것이므로, 염소 농도가 이용객 수에 미치는 영향도 검증할 수도 있을 것이다. 이런 모든 일을 수행한다면 그는 단순한 고용 노동자가 아니라 과학자로서 행동한 것이다. 여기서 중요한 것은 최선을 다해 현상의 진실을 밝혀내고자 하는 열정과, 밝혀낼 가능성이 큰 행위를 실행에 옮기는 행동력이다. 바로 이 때문에, 나는 '순수' 과학과 응용과학을 항상 명확하게 구분하지는 않을 것이다(6장 참조). '순수'라는 단어가 초래하는 오해 때문에 심각한 혼란이 발생하는 주제이기도 하기 때문이다.

과학계에 처음 입문한 사람은 분명 '과학자는 이러이러한 자들이다'라는 말을 종종 듣게 될 것이다. 이런 말에는 귀를 기울일 필요가 없다. 단일한 과학자 집단이란 존재하지 않는다.

과학자란 직종이 존재하지 않는다는 말이 아니라, 과학자 또한 의사, 법률가, 성직자, 변호사, 또는 수영장 관리원처럼 그 성질에 있어 실로 다양한 집단이라는 말이다. 내 다른 책 『해결 가능성의 기술 *The Art of the Soluble*』에서, 나는 이 점을 이렇게 표현했다.

과학자들은 다양한 행위를 다양한 방식으로 수행하는 다양한 기질을 가진 자들이다. 과학자 중에는 수집가도 있고, 분류가도 있으며, 강박적 정돈가도 있다. 많은 수는 천성적으로 탐정이며 어떤 이들은 탐험가다. 일부는 예술가이며 일부는 장인이다. 시인인 과학자도, 철학자인 과학자도, 심지어 신비주의자인 과학자도 몇 명 있다. 이런 온갖 부류의 사람들이 공통으로 가지는 정신 또는 기질을 쉽사리 상상할 수 있을까? 의무로서 과학자가 된 사람은 분명 극소수일 것이다. 그리고 사실 과학자가 된 사람들은 아주 손쉽게 다른 직업을 택할 수 있었을 것이다.

일전에 DNA의 결정 구조를 밝히는 과정에 얽힌 여러 극적인 등장인물에 대한 글을 썼던 적이 있다.* 나는 제임스 왓슨, 프랜시스 크릭, 로렌스 브래그, 로잘린드 프랭클린, 라이너스 폴링을 언급하면서, 그 출신과 교육과 태도와 예절과 외양과 방식과 세속적인 목표에서 그 이상으로 다양하기도 힘들 것이라 말했다.

위의 글에서 내가 사용한 '신비주의자'란 표현은, 무지를 알아차리는 일 자체에 희열을 느끼고, 그 무지를 실증주의라는 잔혹한 구속을 깨트릴 평계로 이용하여 서사적인 사색의 영역으로 진출하는 소수의 과학자를 지칭하는 것이다. 그러나 애석하게도, 이제 '신비주의자' 뒤에 '심지어 일부 사기꾼도 존재한다'라는 구절을 추가해야 할 것만 같다.

내가 아는 가장 저열한 사기꾼 과학자는, 동료 과학자로부터 여러 장의 사진과 여러 구절의 문장을 훔쳐서 어느 유서 깊은 대학의 논문 경쟁 심사에 끼워 넣은 사람이었다. 문제는 그 심사위원 중에 논문의 내용물을 도둑맞은 사람이 있었다는 것이다. 끔찍한 언쟁이 뒤따랐지만, 절도범에게는 다행스럽게도, 그를 고용했던 기관에서는 공적인 스캔들을 다른 무엇보다 두려워했다. 범인은 그곳의 방침에 따라 다른 연구기관으로 '재배치'되었으며, 지금까지도 비슷한 부류의 좀도둑질을 저지르며 비교적 성공적인 커리어를 쌓아가는 중이다. 대체 어떻게

---

* P. B. 메더워, 「운 좋은 짐Lucky Jim」, 『진보에의 희망The Hope of Progress』 (런던: 와일드우드 하우스, 1974)에 수록.

이런 식으로 살아갈 수 있는지 궁금한 사람이 제법 많을 것이다. 이런 잔혹한 범죄를 뻔뻔하게 저지르려면 대체 어떤 부류의 정신이 필요한 걸까?

여러 동료 과학자와 마찬가지로, 나는 과학자의 범죄를 당황스럽거나 불가해한 것으로 여기지 않는다. 나는 과학자도 다른 모든 전문직 종사자와 마찬가지로 온갖 흉악한 범죄를 저지를 수 있다고 생각한다. 내게 진정으로 놀라운 것은, 과학자라는 직업을 매력적이고 명예롭고 찬탄할 가치가 있도록 만드는 모든 것을 무효화시켜 버리는 사기가 실제로 일어난다는 사실이다.

전형적인 과학자라는 것이 허상인 이상, 과학자의 사악한 본질 또한 존재하지 않는다는 결론을 내릴 수 있을 것이다. 물론 과거에 '중국인'에게 전형적 악역을 맡기던 장르 소설들이 이제는 '과학자'를 비슷한 역할로 사용하고 있지만 말이다. 고딕 소설은 메리 셸리나 앤 래드클리프 부인의 작품에서 끝나지 않았다. 그에 대응하는 현대 소설에는 사악한 과학자들이 잔뜩 등장한다(그리고 항상 억센 중유럽 억양으로 "머지않아 온 세상이 내 힘 앞에 무릎 꿇을 것이다!"라고 소리친다). 나는 비전문가가 과학자에 대해 가지는 두려움이, 부분적으로는 이런 유아적인 문학 작품에 등장하는 전형에 수동적으로 노출되어 섣부른 판단을 통해 형성된다는 인상을 받는다.

이런 전형적인 사악한 과학자의 모습 때문에 젊은이들이 과학에 종사하기를 꺼릴 수도 있다는 생각이 들지만, 요즘 세상은 온통 뒤죽박죽이니 어쩌면 악당이 될 수 있다는 전망에 끌리는 젊은이도 그만큼 많을지도 모르겠다.

사악한 과학자상은 근대문학의 여명기부터 존재했던 다른 전형적인 과학자상만큼이나 터무니없는 허상이다. 즉, 개인의 복지나 물질적 보상 따위는 조금도 개의치 않고, 열정적으로 오직 숭고한 목표만을 바라보며, 진실을 추구하는 행위를 온전한 지적 및 영적 양식으로 삼는 과학자상 말이다. 이런 과학자는 현실에 존재하지 않는다. C. P. 스노는 자신의 저술을 통해 과학자도 인간이라는 경천동지할 사실을 밝혀냈다. 과학 연구를 직업으로 삼게 된 동기는 실로 다양할 수 있지만, 일단 누구나 스스로 과학자가 되기를 간절하게 원해야 한다. 솔직히 말해 나는 초조한 나머지, 과학자의 삶에 존재하는 온갖 성가시고 당황스러운 장애물을 너무 강조하는 경향이 있다. 그러니 여기서 명확하게 선언하겠다. 과학자의 삶은 최고급의 만족감과 보상을 제공해 줄 수 있으며(여기서 보상이란 물질적 보상만을 의미하는 것이 아니다. 배제하려는 것도 아니지만), 추가로 자신의 모든 열정을 한 곳에 쏟을 때의 충만함도 맛볼 수 있다.

2. 과학 연구자에게
   필요한 자질은 무엇인가?

자신에게 과학 연구자의 자질이 있다고 믿는 사람들은 종종 실망하거나 우울증에 빠지고는 한다. 프랜시스 베이컨 경의 말을 빌리자면, "자연의 미묘한 성질, 은밀히 숨어 있는 진실, 모든 사물의 불확실성, 고된 실험, 인과 파악의 난해함, 인간의 불완전한 인지 능력 때문에, 인간은 종종 진실 추구의 원동력이 되는 갈망이나 희망을 상실한다."

진실 추구에 평생을 바치겠다는 입문자의 백일몽만으로, 과연 훗날 실험에 실패한 순간의 좌절이나 가장 마음에 들던 착상에 아무런 근거가 없다는 사실을 발견했을 때의 절망을 이

겨낼 수 있을지 미리 알 방법이 있을까? 당연하지만 확실한 방법은 전혀 없다.

나는 지금까지 그렇게 진이 빠지고 과학적으로 무익한 시기를 두 번 겪었다. 정말 마음에 든 가설을 입증할 증거를 찾으려고 한참을 애썼지만, 결국 아무런 근거도 없다는 사실이 증명되었다. 과학자에게 이런 시기는 상당히 견디기 힘들다. 묵직한 잿빛 하늘을 볼 때마다 자신의 무능함이 떠오르며 비참하게 짓눌리는 기분이 든다. 나 자신이 이런 고통을 겪어왔기 때문에, 여기서 젊은 과학자들에게 진솔한 조언을 하나 건네고 싶다. 과학자란 단 하나의 가설에만 매달리지 않아야 하며, 증거가 따른다면 자신이 틀렸다는 사실도 받아들일 수 있어야 한다는 것이다.

입문자에게는 특히, 과학자의 삶에 대한 고색창연한 잘못된 묘사에 속지 않는 것이 중요하다. 다른 사람들이 뭐라고 주장하든, 현실의 과학자란 흥미롭고 자못 정열적이며, 근무 환경은 (주로 시간 측면에서) 상당히 가혹하고 종종 탈진 직전까지 몰리는 직업이다. 게다가 비슷한 강박 증상이 없는 배우자나 자식들과의 공동생활에 어려움을 겪을 수도 있다(5장의 '배우자 구하기가 힘들다면?' 항목 참조).

신참 과학자는 과학자의 삶이 가져다주는 보상과 이득이 그런 온갖 실망과 고난을 벌충할 수 있을지 직접 확인할 때까지 참고 견딜 수밖에 없다. 그러나 일단 발견의 환희와 교묘한 실험에 성공했을 때의 만족감을 직접 느끼고, 진정한 이해의 진보를 통해 프로이트가 '대양감oceanic feeling'이라 부른 근원적이고 광대한 감정을 경험하고 나면, 코가 꿰인 과학자는 다른 어떤 부류의 삶에도 만족할 수 없어진다.

동기

과학자의 길을 택한 이들은 과연 어떤 동기에 이끌린 것일까? 심리학자들은 이런 질문에 종종 즉석에서 답변을 내놓는다. 루 안드레아스 살로메는 까다로운 세부 사항에 대한 집착이 소위 말하는, 그… '항문 성애'의 외적 발현의 증거라고 말했지만, 전반적으로 과학자들은 그리 까다로운 사람이 아니며, 다행스럽게도 애초에 까다로울 필요조차 별로 없다. 반면 옛 격언에서는 과학자의 원동력은 호기심이라고 주장한다. 하지만 나는 언제나 호기심이 그리 적절한 동기가 아니라고 생각해 왔다. 호기심이란 유아에게 어울리는 단어다. 나이 든 유모는 '호기심이 고양이를 죽인다'라는 속담을 입에 올리고는 하지만, 고양이를 죽음에서 구원하는 치료법도 어쩌면 그 호기심이 만들어냈을지도 모르는 일이다.

내가 아는 가장 유능한 과학자들은 '탐험 충동'이라 불러도 지나치지 않을 특수한 성질을 지니고 있다. 임마누엘 칸트는 사물의 진실에 도달하려면 '끊임없는 분투'가 필요하다고 말했지만, 그의 논조에는 자연이 우리 마음에 실현할 수 없는 야망을 심어주었을 리 없다는, 자못 동의하기 힘든 가정이 숨어 있다. 이해의 부재는 항상 불안과 불만족을 부른다. 심지어 문외한도 그런 감정을 느낀다. 기묘하고 충격적인 현상이 과학적으로 설명 가능하다는 사실이 문외한에게도 안도를 준다는 사실에서 그 점이 분명해진다. 여기서 안도를 불러오는 요소는 분명 설명의 내용 자체는 아니다. 보편적 대중이 이해하기에는 지나치게 전문적인 경우도 종종 있기 때문이다. 비전문가를 만족시키는 요소는 지식 그 자체가 아니라, 그런 지식이 존재한다는 깨달음이다. 현대 과학의 철학적 창시자라고 할 수 있으며 앞으로도 종종 인용할 두 사람, 즉 프랜시스 베이컨과 요한 아모스 코메니우스의 저서는 항상 빛의 형상으로 가득하다. 어쩌면 내가 묘사한 끊임없는 불안이란, 유아기의 어둠에 대한 공포를 성인에게로 옮겨온 것일 뿐일지도 모른다. 그렇다면 베이컨의 말대로, 그런 두려움은 오직 촛불로 자연을 비추어 그 모습을 드러내야만 해소될 것이다.

나는 "당신은 무엇 때문에 과학자가 되기로 마음먹은 겁니까?"라는 질문을 종종 받는다. 하지만 자신을 충분히 객관적으로 바라볼 수가 없으니, 답변 또한 그리 만족스러울 리가 없다. 무엇보다 나는 과학자가 되는 것이야말로 가장 흥분되는 일이라고 생각하지 않았던 적을 떠올릴 수조차 없다. 물론 쥘 베른이나 H. G. 웰스의 작품에 감동하고 설득당한 것은 분명하며, 책벌레 아이에게 최고의 행운이라 할 수 있는 과도하게 속물적이지 않은 백과사전의 영향을 받은 것도 사실이다. 대중 과학의 저술도 도움이 되었다. 별과 원자와 지구와 태양 등을 다루는 6펜스짜리 (미국에서라면 10센트에 해당할 것이다) 책들 말이다. 게다가 나는 말 그대로 어둠을 두려워하기도 했다. 만약 내가 위에서 한 추론이 올바른 것이라면, 이런 공포 또한 도움이 되었을지도 모른다.

나는 과학자가 될 만큼 머리가 좋을까?

일부 입문자를, 특히 사회가 강요하고 종종 제대로 교정받지 못한 자기비하적인 편견에 사로잡힌 일부 여성을 괴롭히는 질문은, 바로 자신이 과학계에서 성공을 거둘 정도로 머리가 좋을까 하는 것이다. 사실 이런 걱정에 시달릴 필요는 없는 것이, 훌륭한 과학자가 되기 위해 엄청나게 머리가 좋을 필요는 없기 때문이다. 물론 정신적 활동에 대한 반감이나 완전한 무관심, 또는 추상적 관념을 견디지 못하는 성격은 과학 활동과 상극이라 할 수 있지만, 그렇다고 실험 과학에 엄청난 추리력이나 초자연적 수준의 연역적 사고 능력이 필요한 것은 아니다. 물론 상식은 필요하며, 요즘은 별 이유 없이 평판이 나빠진 고색창연한 덕목, 이를테면 응용력, 근면함, 목적의식, 집중력, 인내심, 역경에 굴하지 않는 능력 등이 도움이 될 수도 있다. 참고로 여기서 역경이란, 이를테면 길고 피곤한 연구 끝에 정말 사랑하는 가설이 거의 전부 오류로 판명되는 상황 따위를 가리키는 것이다.

지능 검사의 실례__ 논의를 보강하기 위해 한 가지 지능 검사를 예로 들어보겠다. 나는 보통 과학자에게 가능하거나 필요한 덕목이라고 여기는 골치 아픈 고등 지적 활동과 평범한 일반 상식을 구분하는 용도로 이 지능 검사를 활용하고는 했다. 엘 그레코의 그림(특히 성화 속 인물)을 본 사람들은 종종 그 안의 등장인물들이 부자연스럽게 크고 홀쭉하다고 느낀다. 여기서 이름을 밝히지 않을 안과의사 한 명은 엘 그레코가 사물이 그렇게 보이는 시각 장애를 앓고 있었다고 주장했다. 화가의 눈에 온갖 사물이 그런 모습으로 비쳤기 때문에, 그렇게 그릴 수밖에 없었다는 것이다.

이 의사의 해석이 유효하다 할 수 있을까? 나는 이런 질문을 던진 다음, 때로는 제법 많은 수의 학계 사람들을 앞에 놓은 자리에서도, 이런 말을 덧붙이고는 했다. "이 설명이 터무니없다는 사실을 즉시 깨달을 수 있으며 미학적이 아니라 철학적인 이유를 댈 수 있는 사람은 분명 머리가 좋은 겁니다. 반면 설명을 들은 다음에도 터무니없다는 사실을 깨닫지 못하는 사람은 조금 둔한 것이 확실합니다." 이건 인식론의 문제다. 즉 사물을 받아들이는 방식과 관련된 문제인 것이다.

복시증, 그러니까 사물을 이중으로 보는 장애를 겪는 화가가 있다고 해 보자. 충분히 가능한 이야기다. 만약 그 안과의사의 설명이 옳다면, 이런 화가는 그림을 이중으로 그릴 것이다. 그러나 그 화가가 완성된 자신의 작품을 다시 살펴보면 대상이 네 개가 그려져 있을 테니, 자연스레 어딘가 잘못되었다는 사실을 깨닫지 않을까? 시각 장애가 없는 우리에게 자연스럽게 보이지 않는 형상은, 해당 화가에게도 자연스럽게 (즉, 인지하는 그대로) 보일 리가 없다. 엘 그레코가 그리는 인물이 부자연스럽게 길쭉하고 호리호리해 보인다면, 그건 화가 본인이 그렇게 보이도록 의도했기 때문인 것이다.

과학에서 지적 능력의 중요성을 과소평가하고 싶은 것은 아니다. 하지만 자원자들을 겁먹게 만들어 쫓아낼 정도로 강조하기보다는, 차라리 과소평가하는 편이 나을 듯하다. 과학의 여러 분야는 제각기 다른 능력을 요구하지만, 전형적인 '과학자'가 존재하지 않는다는 점을 이미 충분히 강조했으니 '과학'을 단 하나의 활동으로 뭉뚱그리면 곤란할 것이다. 딱정벌레를 채집하고 분류하는 일과 이론물리학이나 통계 전염병학을 연구하는 일에는 서로 다른 능력과 재능과 동기가 필요하게 마련이다. 물론 우열관계가 성립한다는 뜻은 아니다. 가장 높은 수준의 속물주의라 할 수 있는 과학계의 내부 서열에서는 이론물리학을 갑충 분류학보다 높이 쳐 주는 경향이 있는데, 아마 딱정벌레의 채집 및 분류에 연관된 자연의 법칙을 밝혀내는 일에는 고도의 판단력이나 지성이 필요하지 않다고 생각하기 때문일 것이다. 어차피 소속이 이미 정해져 있는 생물을 제자리에 넣기만 하면 되는 것이 아닌가?

그러나 이런 가정은 단순한 귀납론의 신화일 뿐이며, 경험 많은 분류학자나 고생물학자라면 분류학에는 상당한 신중함과 판단력, 그리고 많은 경험과 본인의 의지가 있어야 습득할 수 있는 유연관계 판별 능력이 필요하다고 설명해 줄 것이다.

경우를 막론하고, 과학자들은 종종 자기네 부류를 영리하고 머리 좋은 이들로 여기지 않는다. 그리고 적어도 일부는 자기 직군이 제법 멍청하다고 공언하기를 즐긴다. 그러나 이는 속이 뻔히 보이는 가식이다. 진실이 드러날까 초조해서 안심시키는 말을 끌어내려는 시도만 제외하고 말이다. 분명 상당히 많은 수의 과학자들은 지식인의 범주에 들어가지 않는다. 그러나 나는 진정으로 무지한 과학자는 단 한 사람도 본 적이 없다. 물론 문예나 미학 쪽 비평가들의 판단에 굴종하여, 그들의 말을 실제 가치보다 훨씬 진지하게 받아들이는 이들만 무지에서 벗어난 것으로 간주하지 않는다면 말이다.

수많은 실험 과학 분야에 손기술이 필요하므로, 기술적 또는 구성적 놀이를 좋아하는 성향이나 뛰어난 수행 능력은 이제 보편적으로 실험 과학의 적성으로 간주된다. 때로는 베이컨식 실험(9장 참조)의 적성 또한 중요하게 여긴다. 유황과 초석과 고운 숯가루의 혼합물 몇 온스에 불을 붙이면 무슨 일이 일어날지를 알아내고 싶다는 꺾이지 않는 충동이 그런 적성의 예가 될 것이다. 우리는 그런 실험의 성공적인 수행이 성공적인 연구 활동으로 이어질지 확신할 수 없다. 일단 진실을 발견하지 못한 아이들만이 살아남아 과학자가 될 수 있기 때문이다. 이런 보편적 상식의 신빙성을 판별하는 일은 사회과학자의 소임이다. 그러나 내 의견을 말하자면, 손놀림이 굼뜨거나 라디오나 자전거를 수리하지 못한다는 이유로 과학자의 꿈을 꺾을 필요는 없다고 생각한다. 이런 기술은 본능적으로 익히는 것이 아니다. 수리 기술도 손재주도 학습할 수 있는 특성이다. 진정으로 과학 연구직과 양립할 수 없는 특성이란 육체노동을 품위 없고 열등하게 여기는 마음가짐이나, 성공한 과학자란 시험관과 샬레를 집어넣고 알코올램프의 불을 끄고 양복과 넥타이를 걸치고 책상 앞에 앉아 있어야 마땅하다는 인식이다. 과학에 해를 끼치는 다른 인식으로는, 자기 명령을 따르는 열등한 인간들을 부리는 것만으로도 충분히 실험 연구를 수행할 수 있다는 믿음이 있다. 이런 믿음을 가진 사람은 실험이란 사고를 현실에 옮긴 표현일 뿐 아니라 사고 그 자체이기도 하다는 사실을 깨닫지 못하기 때문에, 결국 과학 연구 능력이 부족할 수밖에 없다.

발 빼기___ 연구에 손댔다가 무감각하거나 지루하다는 느낌을 받은 입문자는 즉시 과학계를 떠나야 한다. 자책하거나 잘못된 시도를 반복할 필요는 조금도 없다.

말로 하면 쉽지만, 현실에서 과학자에게 필요한 자격 요건은 워낙 전문적이고 시간을 잡아먹는 것이라서, 다른 직업을 가지기조차 힘들 때가 많다. 이는 다른 무엇보다 현대 영국 교육제도의 잘못이기 때문에, 미국에서는 적용되는 수준이 다를 것이다. 보편적인 대학 교육만으로도 영국보다 훨씬 많은 것을 경험할 수 있기 때문이다.[*]

과학계를 떠나는 과학자는 평생 후회할 수도 있고, 해방감을 느낄 수도 있다. 후자라면 분명 떠나기를 잘한 것이다. 그러나 후회하는 사람들도 충분히 그럴만한 이유가 있을 법하다. 지금까지 내 눈앞에서 과학 연구처럼 매력적이고 깊은 즐거움을 주는 행위로 돈까지 벌 수 있다는, 심지어 적절한 임금까지 받을 수 있다는 사실이 얼마나 놀랍고 훌륭한지 감탄한 사람이 한둘이 아니었기 때문이다.

---

* 잉글랜드 여러 도시의 고풍스러운 대학을 종합대학으로 변화시키는 대학 설립 유행은 1890년에서 1910년 무렵에 벌어졌다. 그러나 미국에서 거대한 종합대학을 일구어낸 일련의 조산운동은 거의 백 년 전에 일어났다.

3. 무엇을
연구할까?

이런 질문을 던지면, 구식 사고방식을 가진 과학자들은 아예 분야를 잘못 선택한 것이라 대꾸할 것이다. 그러나 그런 태도는 갓 졸업한 과학자가 바로 연구에 뛰어들 수 있었고 그에 필요한 준비를 끝낸 것으로 여겨지던 과거에나 통용되는 것이다. 요즘 과학계에서는 도제 제도가 거의 불문율이나 다름없다. 오늘날 젊은 과학자는 대학원생이 되어 다른 선배 과학자에게 종속되고, 그를 통해 업계의 지식을 익히는 데 성공했다는 증거로서 박사 학위라는 보상을 받는다. (이렇게 획득한 Ph.D.는 세계의 거의 모든 학문 연구기관으로 이주할 수 있는 여권 역할을 한다.) 따라서 처음 후원자를 선택할 때, 그리고 석사 학위를 받고 처음으로 할 일을 결정할 때는 선택지를 신중하게 고려해야 한다.

나 자신은 옥스퍼드에서 박사 과정을 성공적으로 끝마쳐 심사까지 받았으며, (당시 기준으로) 상당한 액수의 박사 학위 등록금을 내면 학위를 얻을 수 있다는 통보까지 받았지만, 결국 그러지 않겠다고 결정했다. 인간이란 박사 학위 없이도 살아갈 수 있다는 점을 증명해 보였다고 할 수 있을 것이다(내가 다니던 시절의 옥스퍼드에서는 이미 상당히 유행과 동떨어진 행동이 되기는 했지만, 내 은사인 J. Z. 영 또한 박사 학위가 없었다. 훗날 명예학위는 상당히 많이 받았지만 말이다).

후원자를 선택할 때 가장 손쉬운 방법은, 물론 주변의 가까운 사람 중에서 고르는 것이다. 졸업한 학부의 학과장이나 기타 정교수 중에서 생도나 연구원을 구하는 사람이 있을 수도 있다. 이런 방향을 선택한다면 자신의 견해나 숙소나 교우 관계를 바꿀 필요가 없다는 장점이 있다. 그러나 일반적인 통념에 따르면, 같은 학부에서 계속 학업을 이어가는 것은 별로 권장할 만한 행동이 아니다. 졸업생이 같은 학부에 계속 머무를 생각이라 말하면, 부루퉁하게 입을 빼문 사람들이 몰려들어 학문적 근친교배의 악덕에 대해 설파하며, '여행으로 견문을 넓혀라'보다 딱히 더 고상하거나 독창적이라고 할 수 없는 감상적인 주장을 들이대기 때문이다.

이런 부류의 주술에 현혹되면 곤란하다. 근친교배는 종종 위대한 학파의 창설로 이어진다. 만약 졸업생이 자신의 학부에서 이루어지는 작업을 잘 이해하고 자부심이 있다면, 진행 방향을 아는 사람들의 발자취를 따르는 편이 나을지도 모른다. 졸업생은 반드시 자신의 열의, 감탄, 존경이 향했던 바로 그 분야에 매진해야 한다. 진행 중인 연구를 무시하고 단순히 자리가 있다는 이유로 발을 들이밀어서는 결코 좋은 결과를 얻을 수 없다.

한 가지 완벽하게 확신할 수 있는 사실은, 중요한 발견을 하고 싶다면 반드시 중요한 문제를 연구해야 한다는 것이다. 지루하거나 터무니없는 문제를 연구하면 지루하거나 터무니없는 결과만 나오기 마련이다. 문제가 '흥미로운' 정도로는 부족하다. 거의 모든 문제는 충분히 깊이 연구하면 흥미로울 수밖에 없기 때문이다.

연구할 가치가 없는 문제의 한 예로서, 주커먼 경은 잔혹할 정도로 적절하지만 아주 터무니없지는 않은 예시를 하나 창안했다. 예로 든 젊은 동물학과 졸업생은 성게 알의 36퍼센트가 검은 반점을 가지고 있는 이유를 밝혀내려고 마음먹었다. 어딜봐도 중요하다고 하기는 힘든 문제다. 이런 연구가 사람들의 주목이나 흥미를 끌려면 극도로 운이 좋아야 할 것이다. 단 한 사람, 즉 이웃 연구실에서 성게 알의 64퍼센트에 검은 반점이 없는 이유를 밝혀내려 애쓰는 불쌍한 친구만 제외하고 말이다. 이런 학생은 일종의 과학적 자살을 저지른 것이나 다름없으며, 그 지도교수는 비난받아 마땅하다고 할 수 있다. 물론 이 예시는 순전히 가상의 것이다. 주커먼 경은 성게 알에 검은 반점이 없다는 사실을 아주 잘 알고 있었기 때문이다.

중요한 문제란 해답이 영향력을 가질 수 있는 문제를 의미한다. 과학 전반에 대해서일 수도 있고, 아니면 인류 전반에 관해서일 수도 있다. 과학자들은 일반적으로 중요한 일과 그렇지 못한 일을 판별할 때 놀라울 정도로 시야가 좁아진다고들 한다. 만약 대학원생이 세미나 발표를 하는데 아무도 찾아오지 않거나 아무도 질문을 하지 않는다면, 발표자는 상당히 슬퍼질 것이다. 물론 선배 또는 동료가 발표를 아예 안 들은 것이 뻔한 질문을 할 때만큼 슬프지는 않겠지만 말이다. 그래도 이런 사태는 경고가 된다. 위협사격이라 할 수 있다.

대학원생에게 고립 상태는 부적절하며 실제로 악영향을 끼친다. 따라서 고립을 피하기 위해서라도 지적으로 활기찬 논쟁에 참여하는 것이 중요하다. 자신의 학부가 그런 일이 벌어지는 곳이라면 다행이겠지만, 만약 그렇지 않다면 대학원생으로 합류하라는 선배들의 설득에 온 힘을 다해 저항해야 한다. 일부 교수들은 유급 대학원생이라는 자리를 평소라면 절대 휘하에 들어오지 않을 학생들을 유혹하는 미끼로만 여기기 때문에, 이 조언은 절대로 흘려들으면 안 된다. 일회용 장비로 가득한 요즘 세상에서는 대학원생도 같은 식으로, 즉 일회용 동료로 사용하는 풍조를 너무 쉽게 찾아볼 수 있기 때문이다.

박사 학위를 취득한 대학원생은, 박사 과정에서 연구한 분야에 남은 평생을 바칠 필요는 없다. 그러나 아무리 쉽고 매력적인 샛길이 눈앞에 보이더라도, 일단은 자신이 진행하던 연구부터 마무리하는 것이 중요하다. 성공한 과학자 중에서는 자신의 주된 연구 분야에 안착하기 전까지 수없이 많은 분야에 손을 대봤던 이들이 제법 되지만, 이런 일은 그를 고용한 교수가 매우 이해심 많은 사람이고, 특정 연구에 배속되어 있지 않은 경우에나 누릴 수 있는 특권이다. 자신이 맡은 연구가 있다면 그 연구를 수행하는 것이 대학원생의 의무다.

갓 학위를 취득한 박사는 여전히 입문자나 다름없으므로, 현대 과학계에서는 새로운 학적 이동이 유행하고 있다. 내가 옥스퍼드를 다니던 시절에 '박사 학위 취득'이 새로운 유행이었던 것과 비슷한 상황이다. 이 새로운 유행은 다름 아닌 '포스트닥'으로의 이동이다. 대학원에 들어가 연구와 각종 학회에 참석하게 된 대학원생은, 종종 처음 연구를 시작할 때 지금 같은 판단력이 있었다면 좋았으리라고 한탄하고는 한다. 처음에는 몰랐던 진짜로 흥미진진하고 중요한 연구가 수행되는, 그리고 마음이 맞는 사람들이 있을 수 있는 장소들에 대해 한참이 지나서야 알게 되었기 때문이다. 가장 기력이 넘치는 포스트닥은 자신도 그런 곳에 참여하려 시도한다. 그리고 선배 과학자들은 보통 그들을 환영한다. 자원해 찾아온 연구자는 좋은 동료가 될 확률이 높기 때문이다. 반면 포스트닥은 그곳에 존재하는 연구의 소우주에 참여할 기회를 얻는다.

박사 과정의 쳇바퀴 같은 생활을 어떻게 생각하든, 이런 포스트닥이라는 혁명은 적어도 아직까지는 무조건 좋은 일이라 할 수 있다. 앞으로 학계와 스승과 후원자들이 이런 제도를 망치지 않기를 간절히 빌어야 할 것이다.

자신이 소속될 연구 주제와 부서를 선택하는 젊은 과학자들은 유행을 좇는 행위를 경계해야 한다. 분자유전학이나 세포면역학 등 수많은 사람의 힘이 필요한 학문의 발자취를 따르고 싶다면야 물론 훌륭한 일이지만, 단순히 유행을 좇아서, 이를테면 새로운 조직화학 실험 방식이나 기술적 수단에 현혹된 것이라면 문제가 달라진다.

4. 과학자, 또는 더 나은 과학자가 되고 싶다면 무엇을 준비해야 할까?

연구에 사용되는 기술과 관련 분야가 갈수록 수가 늘어나고 복잡해지는 상황이라, 초보 과학자는 종종 겁에 질려 연구를 뒤로 미루고 필요한 준비 과정부터 수행하려 든다. 그러나 해당 분야가 어느 방향으로 향하고 어떤 기술을 필요로 할지 알 수가 없는 상황에서는 '준비 과정'의 한도를 사전에 정할 수가 없다. 게다가 과학자의 심리적 측면에서도 별로 좋은 정책이 아니다. 과학자는 언제나 원래 알던 것보다 훨씬 많은 것을 배우고 이해해야 하며, 원래 지니고 있던 것보다 훨씬 많은 기술을 익혀야 한다. 그리고 당장 다급하게 필요한 상황이란 새로운 기술이나 관련 지식을 익힐 때 훌륭한 동기가 되어 준다. 바로 이 때문에, 상당히 많은 과학자가 (나 역시 여기에 포함된다) 직접적인 압력이 가해지기 전까지는 새로운 기술을 익히거나 새로운 분야의 지식에 숙달되려 애쓰지 않는다. 당장 발등에 불이 떨어지면 제법 빠르게 익힐 수 있기 때문이다. 영원히 '준비 과정'만 수행하거나 '야간 강좌의 단골'이 되는 무시무시한 특성을 가진 사람들에게는 이런 압력이 부족한 것이다. 이런 사람들은 종종 온갖 수료증이나 기술 자격증을 따냈으면서도 지치고 실의에 빠지고는 한다.

문헌 자료__ 몇 주나 몇 개월을 독서에 사용하며 '문헌 자료를 섭렵'하려는 의지를 가진 입문자에게도 비슷한 상황이 적용된다. 너무 많은 내용을 책으로만 배우면 상상력이 저해되고 제약이 생길 수 있다. 그리고 다른 이들의 연구를 계속 들여다보는 행위는 종종 심리적으로 실제 연구의 대체재가 되기도 한다. 마치 로맨스 소설 탐독이 현실의 사랑을 대체하는 것처럼 말이다. 과학자들이 '문헌 자료'를 대하는 자세는 사람마다 상당히 다르다. 일부는 문헌은 거의 읽지 않은 채로, 현장에서 구두로 전해지는 '예비 자료'에만 의존한다. 그리고 과학이란 큰 소리로 북을 두드리며 전진해 오기 때문에, 알고자 하는 의지가 있으면 이런 식으로도 충분히 습득할 수 있다. 그러나 이런 부류의 소통은 오직 선택받은 소수에게만 가능하다. 이미 학계에서 지위를 확보해서, 그 정보에 대한 견해를 원하는 사람이 있어야 하기 때문이다. 입문자라면 열심히 문헌 자료를 읽을 수밖에 없다. 다만 집중해서, 제대로 선택한 자료를, 과도하지 않게 읽도록 해야 할 것이다. 젊은 연구자가 항상 도서관에서 잡지를 읽는 데 몰두해 있는 풍경은 참으로 슬플 뿐이다. 연구에 능숙해지고 싶다면 실제로 연구를 진행하는 것이 가장 좋다. 필요하다면 도움을 계속 청하게 되더라도, 장기적으로는 동료에게 있어서도 초보자를 도와주는 쪽이 매번 핑계거리를 찾는 것보다 더 편해지기 마련이다.

심리적인 측면에서는, 다른 무엇보다 일단 결과를 얻어내는 것이 중요하다. 독창적이지 않은 결과라도 상관없다. 다른 사람의 작업을 따라 했을지라도, 일단 결과를 내면 자신감이 상당히 상승하게 되어 있다. 젊은 과학도는 마침내 자신이 클럽의 일원이 되었다는 자부심을 느끼고, 학회나 토론회에서 "제 경험에 의하면…"이나 "저도 같은 결과를 얻었는데"나 "그런 의도로 사용할 때는 94번 용매가 93번보다 훨씬 낫다는 의견에 동의할 수 있습니다"라면서 끼어들 수 있게 된다. 그리고 다시 자리에 앉을 때는 온몸을 떨면서도 속으로는 희열에 몸부림치고 있을 것이다.

경험을 쌓은 과학자는, 누구나 자기 연구의 출발점을 회고하며 어떻게 그렇게 무모한 일에 뛰어들겠다고 결심했는지 새삼 감탄하는 단계를 거치게 마련이다. 당시 자신이 철저하게 무지하고 아무런 준비도 없었다고 생각하기 때문이다. 아마 사실이 그럴 것이다. 그러나 다행히도 이들은 충분히 낙관적인 성격이었기 때문에, 자신과 별로 다르지 않은 사람들이 성공을 거두는 일에 실패하리라는 생각은 아예 하지도 않았다. 게다가 충분히 현실적이었기 때문에, 자신이 아무리 준비해도 마지막 단추까지 꼼꼼히 채울 수 없다는 사실도 잘 알고 있었다. 자신의 지식에는 공백이나 결점이 존재할 수밖에 없으며, 과학자로 살아가려면 평생 배움을 계속해야 한다는 점을 알았던 것이다. 나는 나이를 불문하고 배움의 기회를 저버리는 과학자를 본 적이 없다.

장비__ 때로는 구식 과학자들은 직접 실험 장치를 만드는 것도 과학자의 재능 중 하나라고 주장하고는 한다. 단순히 각종 도구를 조합하는 문제라면, 이 말은 사실일 수 있다. 그러나 오실로그래프 정도가 되면 아무래도 무리다. 대부분의 현대적 장비는 직접 제작하기에는 너무 정교하고 복잡하다. 필요한 장비가 상용화되지 않아서 직접 제작하는 편이 나은 경우는 매우 특수한 사태다. 장비를 고안하고 제작하는 일 또한 과학 직종의 한 갈래를 이룬다. 초보자라면 동시에 두 가지 직종에 뛰어드는 대신 하나의 직종에 매진해야 한다. 어차피 시간은 부족할 테니까.

노리치 공은 전구를 갈아끼우려 애쓰다가
그대로 감전되어 죽어 버렸다네, 그래 마땅한 일이지!
장인을 고용하는 것이야말로
부유한 이들의 의무가 아니겠는가.

노리치 공이 맞는지는 모르겠지만, 힐레어 벨록의 시라는 점은 분명하다.[*] 물론 과학자가 부유할 리는 없겠지만, 보통 필요한 장비를 사들일 수준의 보조금은 받아낼 수 있다.

해결 가능성의 기술___ 정치의 기술을 '가능성의 기술'이라고 서술한 비스마르크와 카부르의 선례를 따라서, 나는 연구의 기술을 '해결 가능성의 기술'이라고 서술한다.

어떤 사람들은 이 말을 거의 고의로 잘못 해석하여 내가 빠

---

* 원작 풍자시에서는 '핀칠리 경'이다. 이 풍자시를 쓴 힐레어 벨록은 손수 자택의 벽난로에 통나무를 넣다가 쓰러져 심한 화상과 쇼크로 사망했다.—역주

른 해답을 내놓는 쉬운 문제의 연구를 종용한다고 말한다. 그러니까, 연구하는 문제의 해결 불가능성이야말로 (그들에게는) 진정한 즐거움이라고 말하는 내 비판자들과 비교해서 말이다. 물론 내가 의도한 것은 연구의 기술이란 문제에 접근하는 방식을 발견해서 해결이 가능해지게 만드는 일이라는 뜻이었다. 문제의 부드러운 복부를 노리는 것이다. 지금까지 '비교적 많은' '비교적 적은' '상당한 양의' 등으로 서술되던 현상이나 상태를 정량화하는 과정에서 해법이 등장하는 경우도 제법 된다. 또는 과학 문헌에 꾸준히 등장하는 '뚜렷한'의 경우도 마찬가지다("이 약물을 주사하면 뚜렷한 반응이 관찰된다." 등으로). 이런 서술을 정량화하는 것도 문제 해결의 실마리가 될 수 있다. 정량화가 과학자의 소임은 아니지만, 실제로 도움이 된다면 무슨 상관이겠는가.

내가 제대로 된 의학자로서 첫발을 내딛은 연구 또한, 생쥐나 인간에게 다른 생쥐나 인간의 장기를 이식할 때 일어나는 면역반응의 강도를 측정하는 방식을 고안하는 것으로 시작되었다.

5. 과학계의
성차별과 인종차별

과학계의 여성

전 세계에서 수만 명의 여성이 과학 연구나 과학 관련 직종에 매진하고 있다. 이들은 남성과 딱히 다를 것 없는 방식과 이유로 훌륭한 성과를 거두거나 실패한다. 열정적이고 지적이고 자신의 작업에 헌신하며 근면한 사람은 성공을 거두고, 게으르고 상상력이 부족하고 아둔한 사람은 실패하게 마련이다.

11장에서 자세히 살펴보겠지만 과학적 과정에 대한 관점 중에서는 '직관'과 통찰력을 중시하는 것도 있는데, 이런 관점에서 생각하면 여성이 직관력이 뛰어나다는 성차별적 편견이 과학적 재능으로 이어지리라 기대할 수 있을지도 모른다. 물론 이렇게 생각하는 여성은 그리 많지 않으며, 나 또한 사실이라 생각하지 않는다. 무엇보다 (흔히 여성 쪽이 뛰어나리라 생각하는) '직관'이란 과학의 결실을 거둘 때 필요한 창의적인 추론이 아니라 인간관계에서의 특수한 감지 능력을 말하는 것이기 때문이다. 그러나 그런 특수한 능력이 없더라도, 과학계 직종은 지적인 여성에게 특별한 매력을 지니고 있다. 여러 대학과 연구기관은 실제 이득을 보기 시작한 이래 오랫동안 여성과 남성을 동등하게 대우해 왔다. 이런 동등한 대우는 고용주들이 여성도 인간 취급해야 한다는 국가의 법률에 굴종하거나 미심쩍은 마음으로 받아들였기 때문이 아니라, 여성이 실제로 동등한 이득을 가져다주면서 확립된 것이다.

그런 고용주 중 하나가 내게 이렇게 말한 적이 있다. "여성 과학자들은 참 즐거울 거요. 경쟁할 필요가 없을 테니까." 물론 누구에게나 경쟁은 의무가 아니다. 하지만 여성 과학자들도 당연히 경쟁에 뛰어들고, 옆방의 남자와 똑같이 선취권을 인정받으려 초조해서 몸부림치며, 강박적으로 작업에 파묻혀 살아간다. 물론 과학자라는 직업이 즐거운 것은 사실이다. 그러나 이런 모든 요소에서 여성과 남성의 차이가 존재한다고 믿을 이유는 전혀 없다.

과학계 직업에 입문하고 자식을 가지고 싶은 젊은 여성이라면, 목표로 삼은 고용주가 출산휴가를 어떻게 처리하는지, 휴가 동안 임금을 어떤 식으로 지급하는지 등을 세심하게 따져야 한다. 탁아시설의 제공 여부도 반드시 확인하기를 권한다.

과학자를 지망하는 젊은 여성들이 불안해하는 부모나 고루한 교사를 설득하고 싶을 때는, 아무리 다급해도 퀴리 부인을 예시로 들어서 과학계에서 여성이 성공할 수 있다고 주장하지는 않는 편이 좋다. 자신의 과학 적성을 근거로 설득할 때는 그런 독보적인 예시는 전혀 도움이 되지 않는다. 대신 과학을 추구하여 성과를 내고 있으며 종종 아주 행복한 삶을 영위하는 수만 명의 여성 과학자를 예시로 드는 편이 낫다.

나는 여성을 고용한 연구실을 여럿 맡아 본 경험이 있지만, 여성의 연구가 방법론적으로 뚜렷하게 다르다고 느낀 적은 한 번도 없다. 그리고 그런 차이를 드러내려면 무엇을 해야 하는지도 짐작조차 할 수가 없다.

학문적 직업에 종사하는 여성의 수가 늘고 있다는 사실은 축하해야 마땅하지만, 이는 여성에게 돈벌이가 되는 직업을 제공하거나 재능을 꽃피울 기회를 주겠다는 온정에서 나온 것이 아니다. 오늘날의 세계가 복잡하고 빠르게 변화하는 곳이라, 이제는 인류의 절반을 차지하는 이들의 지성과 기술을 사용하지 않고는 (나와 같은 사회 개량론자들이 꿈꾸듯이 진보하는 것은 고사하고) 사회를 지속할 수조차 없게 되었을 뿐이다.

배우자 구하기가 힘들다면?___ 나는 '런던 종합대학교'를 구성하는 연합체에서 가장 역사가 깊고 규모가 큰 대학인 런던 유니버시티 칼리지에서 동물학과 교수이자 학장으로 재직한 적이 있다(1951~62년). 이 시절의 가장 생생한 기억은 교직 및 연구직 직원들이 모여드는 성탄절 아침의 회합이었다.

대체 성탄절에 그런 곳에 모여서 뭘 하고 있던 걸까? 한두 명 정도는 외로워서 같은 여정(물론 오르막뿐인)에 오른 동료 여행자들과 어울리러 온 것이 명백했다. 다른 이들은 진행 중인 실험을 확인하고 덤으로 생쥐들에게 성탄절 만찬을 제공하러 온 것이었다. 콘플레이크를 해치우는 수천 마리의 생쥐들이 만들어내는 소음이, 생쥐를 좋아하고 안녕을 빌어주고픈 이들의 귀에는 천상의 화음으로 들리는 모양이었다. 그러나 이 작은 회합에 참여하는 남자의 대부분은 갓 일군 가정의 가장이라는 공통점을 가지고 있었다. 따라서 시골집에서 그들의 아내들은 젊은 어머니가 매일매일 이룩하는 위대한 기적을 이루고 있었을 것이다. 실제 수보다 두 배는 많아 보이는 아이들을 돌보고, 달래고, 본능을 억누르고, 선한 본성을 끌어낸다는 고된 노동 말이다.

과학자와 장기간 결혼 생활을 할 예정인 남성 또는 여성은 나중에 힘든 방식으로 깨우치지 말고 반드시 미리 경고를 들어두기를 권한다. 그들의 배우자가 외부 생활에서, 그리고 아마도 가정 내에서도 다른 무엇보다 앞서는 강렬한 집착에 사로잡힌 사람일지도 모른다는 경고를 말이다. 바닥에 앉아서 아이들과 놀아주는 일도 별로 없을 것이며, 아내의 경우에는 집안일에서 여성뿐 아니라 남성의 역할도 처리하게 될지도 모른다. 이를테면 퓨즈를 때운다든가, 자동차 수리를 받는다든가, 가족 휴일을 계획하는 등 말이다. 반면 과학자의 남편은 저녁에 돌아와도 떡하니 차려져 있는 저녁 식탁을 발견하기는 힘들 것이다. 아마도 그의 노동이 아내의 노동보다 덜 힘들 것이기 때문이다.

부부 과학자___ 일부 연구시설에는 부부를 같은 부서에 배속시키지 않는다는 규칙이 있다. 부부 연구진의 생성을 원천봉쇄하려는 것이다. 아마 속 좁은 경영진이 개인적 편애나 부적절한 '객관적' 연구 평가가 이루어질 가능성을 배제하려고 고안한 규칙일 것이다. 이런 규칙을 현명한 것이라 여기는 사람도 있는데, 다른 경우에도 마찬가지지만 사람이란 뭐든 선택적으로 기억하기 때문이다. 부부 연구진도 훌륭한 성과를 거둔 경우보다 파국에 이른 경우가 떠올리기 쉬운 것이다. 정확한 사실 파악에는 사회학자들의 연구가 필요하며, 그런 연구가 수행될 때까지는 부부 연구진의 성공을 가늠하려면 추측에 의존할 수밖에 없다.

공동 연구 체제의 성공에 필요한 여러 조건을 고려할 때(6장 참조), 나는 결혼한 부부 관계가 우발적으로 형성된 협력 관계보다 더 까다로울 것이라고는 생각하지 않는다.

그리고 부부 사이에 효율적인 협업 관계가 형성되려면, 남편과 아내가 온전한 성인의 개념으로 서로를 사랑하고, 수년에 걸친 행복한 결혼 생활을 통해 형성되는 관용과 상호 이해를 기반으로 토대부터 함께 쌓아갈 필요가 있으리라 믿는다.

부부 사이의 경쟁은 특히 파괴적이며, 나 또한 한때는 부부 연구진 사이에서 이득의 불평등 관계가 그리 커서는 안 된다고 생각한 적이 있었지만, 이제는 확신할 수가 없다. 경쟁에 이득이 없다는 점이 명백해지면 상황이 더 편해질지도 모른다는 생각도 든다.

그러나 부부 연구진의 한쪽이 협력 연구의 대중적 결실을 독식해서는 안 된다는 점만은, 예절 차원에서도 중요하다고 할 수 있다. 한쪽이 모든 명성을 독식하려 하는 것만큼이나, 자신의 명성을 상대방에게 몰아주려는 시도 또한 모욕적인 행위가 될 수 있다.

6장에서 설명하겠지만, 연구진의 모든 구성원이 저마다 심기를 거스르는 개인적 습관이 있어서 협력 연구를 기쁨이 아니라 고행으로 만드는 상황은, 부부 사이에도 똑같이 일어날 수 있다. 물론 부부간에 흔히 이루어지는 전통적인 방식의 허심탄회한 의사소통 덕분에 동료에게 역겨움을 털어놓지 못하게 만드는 예절이라는 장벽을 넘을 수도 있지만 말이다. 공동 연구에서 예절은 관대한 태도만큼이나 중요한 역할을 담당하지만, 부부 사이에서는 예절의 힘이 다른 연구진 사이에서보다 훨씬 약하게 작용할 수도 있다.

보편적인 국수주의와 인종차별

과학 능력에서 여성과 남성이 근본적으로 다르며, 따라서 결과물도 다르리라는 생각은, 다양한 차별주의적 편견 중에서도 가장 쉽게 찾아볼 수 있는 부류다. 어떻게 보자면 인간의 과학 능력이나 기술에 선천적인 차이가 존재한다는 보다 보편적인 믿음의 한 형태라고도 볼 수 있다.

국수주의__ 모든 나라의 국민들은 저마다 자기네 민족에 특별한 과학적 재능이 있다고 생각한다. 이는 국적 항공사나 핵무기 보유 여부보다도, 심지어는 축구 실력보다도 한 차원 높은 국가적 자부심이 된다. 라부아지에의 동시대인은 "화학은 프랑스인의 과학이다"라고 말했고, 내가 학창 시절에 그런 주제넘은 주장에 얼마나 분노했던지가 아직도 떠오른다. 에밀 피셔(1852~1919)와 프리츠 하버(1868~1934) 시대의 독일인이 그런 주장을 했다면 차라리 훨씬 정당했을 것이다. 영미의 젊은 화학도들이 최신 생화학에 입문하고 독일 박사 학위를 획득하려 우르르 독일 땅으로 몰려가던 시절 말이다.*

많은 미국인은 자기네가 과학 분야에서 최고라고 당연히 간주하며, 때로는 그 증거를 열정적으로 주워섬기기도 한다. 물론 숙련된 사회학자라면 즉시 논파할 수 있는 부류의 증거지만 말이다. 젊은 사업가들이 가득한 교외의 테니스 클럽 바에서는 이런 이야기를 심심찮게 들을 수 있다. "물론 일본인의 문제는 남을 흉내 낼 줄밖에 모른다는 거야. 자기네 독창적인 생각 따위는 아예 없단 말이지." 나는 그 자부심 넘치는 목소리의 주인이—예전에 과속 운전이 사고를 유발하는 게 아니라 도리어 안전에 도움이 된다고 말했던 사람이기도 했다—이제 일본인들이 무한한 독창성과 창의성을 가지고 있음을 인정했으리라 생각한다. 실제로 전후에 꽃핀 일본의 과학 및 과학 기반 산업은 전 세계의 과학기술에 상당한 힘을 보태

---

* 화학자 지망생들에게 독일어가 상당히 오랫동안 필수 과목으로 여겨졌다는 점을 생각해 보면, 당시 독일 화학의 위상을 짐작할 수 있을 것이다.

주었다.

모든 국가는 저마다 그 규모에 어울리는 수의 뛰어난 과학자를 배출했고, 그만큼 제각기 세계에 공헌했다. 지역색은 방법론적인 이유 때문에 근본적인 차이로 이어지지 않으며, 숙련된 과학자 중에서 진짜로 그런 차이가 존재한다고 믿는 사람은 없다. 국수주의의 용어는 과학적 언어의 일부가 될 수 없다. 이를테면, 과학 강의가 끝난 다음에 이런 말을 듣는 일은 없다는 뜻이다. "물론 슬라이드의 절반은 거꾸로 뒤집혀 있었지만, 세르비아-크로아티아인들은 다 그런 법이니까."

파리의 파스퇴르 연구소, 런던의 국립의학연구소, 프라이부르크의 막스 플랑크 연구소, 브뤼셀의 세포병리학 연구소, 뉴욕의 록펠러 대학 등, 모든 국적의 사람들을 모아들이는 대형연구기관에서는, 연구자들의 국적은 별 의미가 없으며 거의 고려 대상조차 되지 못한다. 미국인의 수적 우세와 전 세계에 뿌리는 후한 연구지원금과 학회 조직력 덕분에, 이제는 어눌한 영어가 과학계의 국제 언어가 되었다. 국제 학회에 나가도 연구 방식으로는 국적을 구별할 수 없다. 작성한 논문의 형식으로 간신히 구별할 수 있을 뿐이다. 물론 낮고 평온하고 단조로우며 미국식 영어에 가까운 어조 속에서, 높낮이가 심한 영국식 어조는 극적으로 눈에 띄기는 한다. 미국인들은 이런 영국식 영어가 우스꽝스럽다고 생각한다. 그리고 영국인들은 스웨덴식 영어를 우스꽝스럽게 여긴다.

지능과 국적 __ 나는 '지능'이라는 개념 자체는 실존한다고 생각하며,* 지적 능력에는 유전적 차이가 존재한다고 믿는다. 그러나 간단하게 측정하여 하나의 수치로, 이를테면 I.Q. 따위로 정량화할 수 있는 요소라고는 생각하지 않는다.** 일부 심리학자들의 이런 견해는 너무도 한심한 주장으로 이어져서, 차라리 고의로 오명을 뒤집어쓰려는 의도는 없는지 의심이 들 지경이다.

'지능 검사'를 1차 대전 당시 미군 지원자에게 적용했던 사건이나, 심지어 그 이전에도 엘리스 섬에서 미국을 찾은 이민자들의 지능을 검사했던 사건 등은, 결국 본질적으로 신뢰할 수 없는 방대한 수치 자료를 취합하는 결과로 이어졌고, I.Q.를 신봉하는 심리학자들이 이를 분석한 결과물은 후대의 우리로

---

* 예전에 지능이라는 개념이 거의 아무 의미도 없다고 선언하는 유전학자와 대화를 나눈 적이 있었는데, 나는 그 자리에서 그를 지능이 없는 사람이라고 칭하려 시도해 보았다. 그는 분명 짜증을 냈으며, 내가 뒤이어 지능의 부재에 왜 그리 명확한 의미를 부여하느냐고 물었는데도 별로 누그러지는 기색이 없었다. 이후 그와는 다시 대화를 나누지 못했다.

** P. B. 메더워, 〈부자연스러운 과학〉, 뉴욕 북리뷰 24 (1977년 2월 3일), p. 13~18.

서는 도저히 뛰어넘을 수 없는 극단적인 어리석음으로 이어졌다. 이민 대기자들의 지능을 조사한 헨리 고다드라는 심리학자가, 심사 대기 중인 유대인의 83퍼센트와 헝가리인의 80퍼센트가 정신박약이라는 결론을 내려 버린 것이다.[*]

헝가리인과 유대인에 대한 이런 결론은 일부 사람들에게는 특히 불쾌하게 여겨질 것이다. 즉, 옳든 그르든 유대인이 선천적으로 과학 관련 직종에 특수한 적성을 보인다고 믿는 사람들 말이다. 그리고 토머스 발로어, 니콜라스 칼도어, 조지 클레인, 아서 쾨슬러, 존 폰 노이만, 마이클 폴라니, 얼베르트 센트죄르지, 레오 실라르드, 에드워드 텔러, 유진 위그너 등을 보면 헝가리인의 정신 능력에도 특별한 점이 있다고 인정할 수밖에 없을 것이다.

그러나 이런 견해 또한 극단적인 인종주의만큼이나 공공연하게 비판해야 마땅한 것이 아닐까? 아니, 사실 이런 의견은 전혀 인종주의적인 것이 아니다. 유전적인 우월주의가 조금도 가미되어 있지 않기 때문이다. 일단 헝가리인은 인종이 아니라 특정 정치적 공동체의 구성원을 가리키는 표현이다. 그리고 유

---

[*] L. J. 카민, 『IQ의 과학과 정치학』 (뉴욕: 존 와일리&선즈, 1974), p. 16. 고다드의 관점은 1913년도 〈정신무력증협회 회보〉에서 인용.

대인이라는 집단에는 인종 구별에 사용하는 여러 생물학적 특성이 들어가기는 하지만, 이들이 과학 및 학술 영역에서 전반적으로 뛰어난 능력을 보이는 이유를 판별하려면 수많은 비유전적 요인도 고려해야 한다. 전통적인 교육 중시 성향, 자식들을 학문의 길로 들여보내려고 유대인 가정에서 치르는 상당한 희생, 서로를 돕는 유대인의 성향, 경쟁적이고 때로는 적대적인 세계에서 살아남으려 애쓰며 안전과 발전을 위해 학술직에 몸담으려 애썼던 길고 슬픈 역사 등을 예로 들 수 있을 것이다.

화려한 헝가리 지식인의 목록(이들 중 많은 수가 유대인이기도 하다)을 우생학적으로 해석하지 않는 방법은, 사실 그리 어렵지 않다. 빈이나 그 인근에서 그만큼 대단한, 심지어 더 위대한 팀을 꾸릴 수 있기 때문이다. 헤르만 본디, 지그문트 프로이트, 카를 폰 프리슈, 에른스트 곰브리치, F. A. 폰 하이에크, 콘라트 로렌츠, 리제 마이트너, 구스타프 노샬, 맥스 퍼루츠, 카를 포퍼, 에르빈 슈뢰딩거, 루트비히 비트겐슈타인 등이 여기 포함될 것이다.

이런 위대한 재능의 별자리가 탄생한 이유는 문화 및 역사 사회학자들이 탐구하고 해석해야 할 대상일 것이다.

만약 내 신념대로 상식의 대규모 증강 작용이야말로 과학 연구의 본질이라면, 과학 '수행' 능력에서 국가마다 주요한 차이가 존재하지 않는다는 점이야말로, 상식이야말로 가장 공평하게 배분된 인류의 재능이라는 데카르트의 주장에 대한 근거가 될 수 있을지도 모르겠다.

6. 과학 직종의
일상과 예절

"저들이 또 무슨 장난질을 치고 있는 거야?"나 "저들 말에 따르면 50년 안에 달을 정복할 수 있을 거라는데" 따위의 말을 들어본 적이 있을 것이다. 초보 과학자는 이내 자신이 흔히 말하는 '저들'의 일원이 되었음을 깨닫게 된다.

과학자도 다른 전문직 종사자들과 마찬가지로 좋은 인상을 남기고 존경받는 존재가 되기를 원한다. 그러나 처음 만나는 자리에서 과학자임을 밝히는 순간, 눈앞의 사람들은 두 가지 자세 중 하나를 취한다. 어떤 사람이 과학자라면, 세상의 모든 주제에 대한 그의 의견은 (a) 특별한 가치를 지니거나 (b) 완벽히 쓸모없다는 것이다. 당연하지만 두 가지가 동시에 성립할 수는 없다. 이런 의견은 정치적 신념과 같은 부류라서 일단 자리 잡으면 쉽사리 변하지 않기 때문에, 설득하거나 바꾸기가 상당히 힘들다. 시도해 봤자 양자 모두에게서 분노를 유발할 뿐이다. 모든 경우에 적절하게 사용할 수 있는 표현인 "제가 과학자기는 해도 해당 문제에 대한 전문적인 식견은 부족합니다"를 연습해 두도록 하자. '해당 문제' 부분만 대화의 주제에 맞춰 바꾸면 충분하다. 비례 대표제, 사해 문서, 여성의 성직 적합성, 로마제국의 동방 속주 경영 등이 그 예시가 될 수 있겠지만, 만약 탄소연대측정법이나 영구운동 기관의 설계 가능성 등이 주제로 떠오른다면, 과학자도 나름 최신식 자부심을 담아 살짝 성량을 올려도 무방할 것이다.

과학자의 속물근성은 때로는 잔혹한 뻔뻔함으로 이어져서, 실제로 자신이 소유하지 못한 문화적 흥미나 이해를 가장하도록 만들기도 한다. 극단적인 경우에는 '포기 본시 추기경의 명상록'이나 유행하는 평론가의 논평을 띄엄띄엄 인용하면서 청중들에게 인내심을 강요하는 상황에 이르기도 한다.

과학자들은 이런 실수를 항상 경계해야 한다. 허풍선이는 그리 어렵지 않게 정체가 들통 나기 마련이며, 과학자 출신의 허풍선이는 더욱 알아보기 쉽다. 지적이나 문예적인 담화에 익숙지 못한 경우가 많기 때문에, 아무도 수정해 주지 않은 발음 실수나, 그 규모가 너무도 방대해서 아무도 이의를 제기하지 않는 문화적 오류로 자신을 드러내기가 너무 쉽기 때문이다.

　문화적 복수___ 문화계의 견해에 모욕당하거나 수세에 몰렸다고 생각하는 과학자는, 잠시 인류와 순수예술의 세계에서 벗어나 은둔의 시간을 가져보는 것도 나쁘지 않다. 상처 입은 정신을 달래는 다른 방법으로는 척척박사가 되는 것이 있다. 온갖 시나리오, 패러다임, 괴델의 정리, 촘스키의 언어학, 심지어 순수예술에 끼친 장미십자회의 영향까지 끌어들여 청중을 현혹하는 것이다. 분명 잔혹한 복수이기는 하지만, 머지 않아 자신이 도착하자마자 과거의 동료들이 패잔병처럼 꽁무니를 빼는 모습을 목격하게 될 것이다. 이런 척척박사의 특성은 다음 문장이면 명확하게 설명이 될 것이다. "물론 실제로 x 라는 것은 존재하지 않습니다. 사람들이 x라 부르는 것은 사실 대부분 y일 뿐이지요." 이런 문맥에서 x는 르네상스나, 낭만주의 부흥이나, 산업 혁명 등, 사람들이 믿는 것이면 뭐든 될 수 있다. y는 보통 프롤레타리아의 품속에서 사상 최초로 발아했다고 선언된 것들이다. 그러나 과학자는 척척박사가 될 확률이 가장 높은 직종에 해당하지는 않는다. 내가 아는 가장 끔찍한 척척박사 두 사람은 양쪽 모두 경제학자였다.

문화적인 관심사에서 완전히 손을 떼든, 아니면 전지적인 지성으로 동료들을 혼란에 빠트리든, 과학자가 복수를 구상할 때는 먼저 "내 복수 대상이 누구인가?"라는 질문을 던져 볼 필요가 있다.

문화 야만주의와 과학의 역사__ 과학자들은 종종 반례를 증명해 보이기 전까지는 완전한 문맹이며 미학적으로 저속한 존재로 취급당한다. 그런 대접에 아무리 짜증이 나더라도, 젊은 과학자는 문화적 소양을 열거해서 오명을 벗어던지려 시도해서는 안 된다. 어떤 경우든 그런 비난은 적어도 한 가지 측면에서는 나름의 근거가 있다. 많은 수의 젊은 과학자는 사상사에 대해 완전히 무지하다. 심지어 자기 연구의 근간이 되는 것들조차도 말이다. 나는 『진보에의 희망*The Hope of Progress*』에서 이런 정신 자세를 변호하며, 과학의 진보는 특수한 형태이며 과학에도 나름의 문화사가 존재한다고 설명하려 시도했다. 과학자의 모든 행위는 선인들의 행위의 연장선상에 있다. 모든 새로운 착상에, 심지어 그 착상의 가능성에도 과거가 깃들어 있는 것이다.

명성 높은 프랑스 역사학자 페르낭 브로델은 역사가 '현재를 먹어치우는 과거'라고 말한 적이 있다. 그게 무슨 뜻인지 제대로 이해하기는 힘들지만(프랑스의 심오한 경구들은 항상 그렇다), 과학에서는 정반대의 현상이 일어난다. 현재가 과거를 먹어치우는 것이다. 이 정도면 과학자들이 사상사에 대해 보이는 불경한 무관심에 대한 나름의 변명이 될지도 모르겠다.

지식이나 이해의 등급을 정량화해서 시간에 따른 그래프로 표시하는 것이 가능하다면, 어느 시대에도 기준선과 현재 곡선 사이의 획득 영역은 과학의 발전 상태만을 표시할 경우와 거의 같을 것이다.

그러나 사상사에 대한 무관심은 종종 문화적 야만성의 상징으로 해석된다. 그리고 나는 이 해석이 옳은 것이라 말할 수밖에 없다. 사상의 발생과 전파에 관심이 없는 사람은 정신적인 활동 자체에 관심이 없을 가능성이 크기 때문이다. 첨단 분야의 연구에 매진하는 젊은 과학자라면 당연히 현재 받아들여지는 견해의 기원과 발달 과정을 파악할 수 있어야 한다. 개인적 흥미를 동기로 삼으면 곤란하기는 하지만, 지식 체계 안에서 자신의 위치를 식별할 수 있다면 자신의 정체성 또한 강화할 수 있을 것이다.

과학과 종교__ 이런 농담이 있다. "그는 신사의 종교를 가지고 있다네."

"그게 대체 무슨 종교입니까, 선생님?"

"신사는 종교를 논의의 대상으로 삼지 않는다는 종교지."

나는 이런 대화가 누구에게도 도움이 안 되는, 끔찍할 정도로 무례한 짓이라고 생각해 왔다. 여기서 '신사'를 '과학자'로 치환한다고 해도 딱히 나아질 리는 없지만, 이 이야기는 상당히 많은 과학자가 겪는 종교적 신념의 부족 상태를 제법 명료하게 묘사해 준다.

과학자 본인과 과학계 전반에 불명예를 안겨주는 가장 빠른 방법은, 아무도 그의 의견을 원치 않는 상황에서, 과학이 가치 있는 모든 문제에 대한 답변을 이미 알거나 곧 알게 되리라고 단호하게 장담하고, 과학적인 답변이 존재할 수 없는 문제는 아예 문제 자체가 아니거나 '유사문제'일 뿐이라고 폄훼하는 것이다. 얼간이나 던지는 질문이라고, 해답이 있으리라 말하는 이들은 속기 쉬운 부류일 뿐이라고 말하는 것이다.

다행스러운 점이 한 가지 있다면, 그렇게 생각하는 과학자가 아무리 많아도 오늘날 대중 앞에서 대놓고 선언할 정도로 뻔뻔하거나 무례한 사람은 거의 없다는 것이다. 철학 쪽의 교양을 갖춘 사람들은 종교적 신념에 대한 '과학적' 공격이 방어 측의 논변만큼이나 오류투성이라는 사실을 잘 알고 있다. 과학자라고 해서 종교를 평가할 때 우월한 지위를 확보했다고는 할 수 없다. 단 하나, 목적론적 논증을 옹호할 때 자연적 질서의 장대한 아름다움을 보다 명확하게 알아볼 수 있다는 점만 제외하고 말이다.

과학을 변호해야 할 때

과학계 전반에 겸허한 태도를 가지라고 종용하는 것처럼 보이고 싶은 마음은 없지만, 우리 직업군 전체에 오명을 씌우지 않도록 신경 써 주었으면 하는 정도의 바람은 있다. 요즘 세상에서 과학과 문명이 서로 어깨동무하고 인류의 발전을 위해 공동으로 노력해 나간다고 여기는 사람은 아무도 없다. 오늘날의 사람들은 과학의 발전이 인류의 발전은커녕 평범한 사람들이 소중히 여기는 것들을 평가절하할 뿐이라고 생각하고 있으며, 과학자들은 이제 그에 대응할 적절할 개념을 찾아 헤매는 신세다. 그런 공격 중 대표적인 것은 과학이 예술을 기술로 전락시켰다는 주장이다. 사진이 초상화를 대체하고, 녹음된 음악이 생음악을 대체하고, 가공한 대체 식품이 진짜 음식을 대체하고, 화학물질로 표백하는 등 '진보된' 빵이 구식으로 만든 딱딱한 통밀빵을 대체했다는 것이다. 비타민을 제거하고, 다시 주입하고, 증기로 굽고, 미리 썰어서 폴리에틸렌 봉지에 포장해 놓은 식빵만 남은 것이다.

물론 이는 과학이 아니라 그보다 훨씬 오랜 친구인 탐욕의 탓이다. 제조사의 편의성과 부정직한 유통 과정이 좀 더 직접적인 이유인 것이다. 19세기 초의 문필가 윌리엄 코베트는 노동계급이라면 마땅히 자기가 먹을 빵을 직접 구워야 한다고 생각했으며, 그 때문에 오늘날의 우리라면 맛있게 여겼을 상점제 빵을 깎아내리는 통렬한 반박문을 썼다. 그는 빵에 백반과 감자 전분을 섞는다고 매도하며 '소나무 널빤지에서 나오는 톱밥만큼이나 곡물의 자연스러운 달콤함은 조금도 느낄 수 없는' 물건이라고까지 말했다.

현대의 '식품 과학'의 주장을 빌려서, 사는 사람이 있으니까 그런 물건을 만드는 거라고 말해봤자 적절한 반박이라고 하기는 힘들 것이다. 그런 주장은 공급이 수요를 창조한다는 잘 알려진 경제 법칙을 거스르는 것이다. 게다가 미리 잘라놓은 슈퍼마켓의 대량생산 식빵이 예전에 길모퉁이 빵집에서 팔던 물건보다 자연스럽고 밀밭의 햇살을 더 풍부하게 머금고 있다고 여기게 만드는, 겉만 번드레한 광고가 상품마다 곁들여지는 상황이지 않은가. 하지만 과학자 쪽에서도 할 말은 있다. 정제한 백미나, 탈색하고 비타민을 제거하고 다시 주입하고 기타 등등을 겪은 빵보다 현미나 통밀빵이 훨씬 몸에 좋다는 것을 밝혀낸 이들도 과학자들인 것이다. 그러나 원래 앓을 필요 없었던 질병의 치료제를 발견한 상황이니 박수갈채를 기대하기는 어려울 것이다.

과학은 저평가되고 있는가?

과학자들은 종종 평범한 사람들이 자신들에게 거의 관심도 없고 감탄하지도 않는다는 사실에 억울함을 이기지 못하고는 한다.

볼테르와 새뮤얼 존슨은 이런 실제 또는 외견상의 무관심이 존재한다는 점을 인정했다. 두 사람의 의견이 일치하는 경우가 끔찍하게 드물다는 점을 고려하면, 적어도 일말의 진실은 존재한다고 간주해도 무방할 것이다. 그들의 선언에는 분명 진실이 들어 있으니, 과학자들은 아무리 싫더라도 현실을 직시할지어다. 과학은 인간관계의 주된 윤활유로 작용하지 않는다. 통치자와 피통치자의 관계에서도, 정신과 육체의 관계에서도, 환희 또는 비탄의 요인과 미적 즐거움의 성질과 강도의 관계에서도 마찬가지다.

『철학사전』에서 볼테르는 자연과학이란 "일상의 영위에 필수적인 부분이 거의 없어서, 철학자에게는 필요치 않다. 자연 법칙의 일부만이라도 깨닫는 데는 수 세기가 필요했지만, 현인은 인간의 모든 책무를 단 하루만에 깨우치곤 한다"라고 말했다.

『밀턴의 생애』에서 새뮤얼 존슨 박사는 일반적인 학과 과정에 덧붙여 천문학, 물리학, 화학을 배울 수 있는 교육기관이 필요하다고 주장한 밀턴과 에이브러햄 카울리를 다음과 같이 꾸짖는다.

진실을 말하자면 인간 외부의 자연에 대한 지식, 그리고 그런 지식에 필요하거나 수반되는 과학이라는 학문은, 인간 정신에 필요하다고 여길 만큼 숭고하지도 보편적이지도 못하다. 행위나 대화에 사용하거나 유용성이나 만족을 제공하는 지식으로서는, 옳고 그름을 가릴 때 필요한 종교나 도덕에 대한 지식이야말로 다른 무엇보다 앞선다고 할 수 있을 것이다. 다음 순위로는 인류의 역사에 대한 이해가 올 것인데, 이런 지식에는 진실이 깃들어 있으며 역사 속의 사건을 예로 들어 주장의 정합성을 판별할 수 있기 때문이다. 신중함과 정의로움은 모든 시대와 장소를 막론하고 탁월한 미덕으로 간주된다. 인간이란 시대를 막론하고 도덕주의자이지만, 기하학자인 경우는 극히 드물다. 인간에게 있어 지적 대상과의 교류는 실로 필수적이다. 반면 사물에 대한 추론은 임의적이며 오로지 유희로만 가치를 지닐 뿐이다. 물리학의 지식이 드러나는 경우는 너무도 적기 때문에, 수력학이나 천문학의 기술은 반평생이 지나도록 아예 드러나지 않기도 한다. 그러나 도덕심과 신중한 품성은 언제나 즉시 드러나게 마련이다.

이런 진실에 직면했다고 해도, 굳이 과학자로서 자존심에 상처를 입거나 만족감을 덜어낼 이유는 없을 것이다. 작업에 쾌조를 보이며 자신의 연구에 흠뻑 빠져들어 기세를 올려 달려가는 과학자라면, 도리어 같은 부류의 희열을 느끼지 못하는 사람들을 안타깝게 여길 수도 있을 것이다. 많은 예술가도 같은 감정을 공유하며, 바로 그 때문에 대중의 시선에 대해서 아예 무심한 태도를 보인다. 그리고 당연하게도 그에 충분히 상응하는 보상을 얻는다.

공동 연구

지금껏 거의 모든 과학 연구에서 다른 연구자와 공동 연구를 해 왔으니, 이 문제만은 나도 권위자로 자부해도 될 듯하다.

과학계의 공동 연구란 국솥 하나에 매달려 부대끼는 요리사들과는 상당히 다른 방식으로 진행된다. 물론 같은 캔버스에 작업하는 화가들이나, 산의 양쪽 끝에서 동시에 터널을 파기 시작하는 공학자들, 즉 도급자들이 가운데서 만나지 못하고 터널을 두 개 완성하는 일이 없도록 주의를 기울여야 하는 부류의 협력과도 제법 다르다.

과학계의 공동 연구는 적어도 준비 단계에서는 여러 작가들이 코미디 작품을 공동 집필하는 상황에 가깝다. 과학자라면 누구나 알다시피, 기발한 착상이란 순전히 개인에 국한된 사건이지만, 팀원이 착상을 떠올릴 수 있도록 분위기를 조성하고, 그 착상을 발전시키고 내용을 더하는 부분은 모두 협력해야 하기 때문이다. 결과적으로 마지막에는 누가 무엇을 떠올렸는지조차 판별하기 힘들게 된다. 어떻게든 결과물이 나왔다는 것만이 중요해진다. "말해 두겠는데, 그건 내 착상이었어"나 "이제 다들 내 사고방식을 따라잡은 모양이니 말하는 건데…"라고 말하고 싶은 강렬한 충동에 시달린다면, 그 젊은 과학자는 공동 연구에 어울리는 사람이라고는 할 수 없다. 그런 사람은 혼자 작업하는 편이 자신과 동료 모두에게 보다 나은 결과를 가져올 것이다. 초보자가 조직 활동의 동반 상승으로 인한 것이 아니라 진정으로 그만의 것인 명민한 착상을 떠올리면, 숙련자들은 언제나 축하의 말을 건넬 것이다. 협력에서는 동반 상승을 유도하는 것이 중요하다. 협력 연구에서 개별적인 기여의 총합 이상의 결과를 얻으려면 마땅히 동반 상승 작용이 필요하기 때문이다. 그러나 개인보다 조직이 우위에 있음을 아무리 뽐내며 열심히 설파해도, 공동 연구가 필수인 것은 아니다. 제대로 돌아가는 공동 연구는 수많은 즐거움의 원천이 되지만, 홀로 연구할 수 있는 과학자도 상당히 많으며, 그런 이들은 종종 놀랍도록 훌륭한 결과물을 내놓는다.

폴로니어스식 방법론 몇 가지를 통해 해당 과학자가 공동 연구에 어울리는 사람인지를 판별할 수도 있다. 동료들을 좋아하거나 동료의 특출난 재능에 경의를 표하는 사람이 아니라면, 협업을 피하는 쪽이 낫다. 협력 연구에는 너그러운 정신이 필요하며, 자신이 시기심이 강하거나 동료를 질투하는 성격이라 생각하는 젊은 과학자는 절대 다른 이들과 공동 연구를 시도해서는 안 된다.

공동 연구에 참여하는 과학자는 가끔 이런 주문을 중얼거려 줄 필요가 있다. "놀라운 일이기는 하지만, 나도 다른 사람이 참고 견디는 걸 기적으로 여길 만한 고약한 습관을 여럿 가지고 있어. 우선 계산 속도도 느리고, 오페라의 가장 훌륭한 대목을 휘파람으로 불어대고, 중요한 자료(이중맹검법에 사용할 유일한 단서 따위)를 분실하는 습관까지 있잖아."

"공동 연구자로서 내 단점?" 방금 질문한 사람 누군가? 누군가 그 이야기를 꺼낼 줄 알고 있었다. 나도 심각한 단점이 수없이 많기는 하지만, 적어도 함께 연구한 이들과 교우 관계가 끊길 정도로 고약하지는 않았다. 나는 공동 연구를 정말로 좋아하며, 그 덕분에 비범한 능력을 갖춘 호감이 가는 동료들과 협업을 계속하며 도움을 얻는다는 보상을 받았다.

공동 연구의 결과물을 공개할 때가 되면, 젊은 과학자는 자연스럽게 기고자로 이름을 올리기를 원하게 될 테지만, 아무래도 동료들이 공정하다고 생각하는 이상으로 앞으로 나서기는 힘들 것이다. 다만 이는 반드시 깎아내리려는 의도는 아니다. 나는 보통 왕립학회의 알파벳순 규칙을 사용하는데, 세상의 모든 지기스몬디스Zygysmondis들이 겪는 거절과 실망이 장기적으로 보면 세상의 모든 아론슨Aaronson들이 즐기는 부당한 행운과 균형을 이루어 주리라 생각하기 때문이다.

동료로서의 기술직 연구원__ 내가 처음 연구를 시작할 무렵, 크리켓의 총본산이라 할 수 있는 로즈 크리켓 그라운드에서는 프로 선수와 아마추어 사이에 끔찍하게 넓은 문화 및 사회적 격차가 존재했다. 심지어는 같은 팀원인데도 서로 다른 게이트로 경기장에 입장해야 할 정도였다. 윔블던에서는 프로는 아예 경쟁에 참여할 수조차 없었다. 테니스의 경우에는 오히려 말이 되는데, 아마추어 선수를 프로 선수로부터 보호할 필요가 있기 때문이다. 반면 조지 오웰이 지적했듯이, 크리켓에는 아마추어도 프로와 나름 맞서 싸울 수 있다는 흥미로운 특성이 있다.

당시에는 비슷한 속물주의가 기술자들에게도 영향을 미치고 있었다. 기술직 연구원은 실험실의 심부름꾼 하인 취급을 받고, 가장 지루하거나 냄새가 고약한 작업을 도맡으며, 책상 앞에서 위대한 사상을 사색하는 대가의 지시를 충직하게 수행하는 이들이었다. 그러나 이제 모든 상황은 더 나은 방향으로 바뀌었다. 이제 연구실의 기술직은 상당히 인기 있는 직종으로, 때로는 고용주 측에서도 대학 입학만큼이나 높은 수준을 요구하기도 한다. 업무 구조가 명확히 잡히고 자신의 능력에도 자부심이 생겼기 때문에, 기술직 연구원의 자기 평가 또한 훌쩍 상승했다. 그리고 자기 평가는 '직업 만족도'에 가장 큰 영향을 끼치는 요소 중 하나다. 게다가 기술직은 특정 이론 또는 실제 실험에서 종종 '학계'의 연구원이나 교수들보다 뛰어나며, 사실 그래야 마땅하다. 여기서 그래야 마땅하다고 말하는 것은, 기술자는 연구실 책임자와는 달리 특화된 특정 업무만을 담당하기 때문이다. 교직과 행정을 비롯한 다양한 업무를 수행해야 하는 대학 임원들은 기술자보다 훨씬 많은 일을 동시에 처리해야 하며, 휘하에 학부생이나 대학원생이 너무 많아서 필요한 모든 일에 제대로 숙련되지 못하기도 한다.

아직도 프로 선수를 경기장에서 몰아내는 시대를 살아가는 머리가 굳은 사람들이라면 충격을 받을 소리지만, 공동 연구에서 기술직 연구원은 소중한 동료다. 특정 사실을 확인하기 위한 실험의 전체 그림을 구상하거나 절차를 토의할 때도 이들의 참여가 필요하다. 베이컨의 말대로 '훌륭한 결과를 위해 총합을 이끌어내는' 과정에는 이들 또한 들어가는 것이다.

자신의 직종에서 두각을 나타낼 정도로 능력 있는 기술직이라면, 머지않아 젊은 과학자들의 경탄도 끌어낼 수 있을 것이다. 이들은 학위와 우등졸업장을 손에 쥐었어도 여전히 과학적 연구에 대해서 배울 것이 많은 이들이기 때문에, 다른 무엇보다 기술직 연구원을 동료로 대하는 법을 가장 먼저 배워야 할 것이다. 기술직의 입장에서는 (아래의 '진실' 항목을 참조할 것) 연구를 주도하는 사람들에게 그들이 가장 듣고 싶은 결과를 전해주고 싶다는 충동을 억눌러야 한다. 멘델의 정원사들도 분명 그랬을 것이다. 나쁜 소식을 전하는 일이 즐겁게 느껴지지 않을 정도로 원활한 관계를 유지하는 편이 이상적인 것은 물론이다.

공동 연구는 평생에 걸친 우정 또는 반목을 불러올 수 있다. 전자를 원한다면, 당연한 일이지만 아량을 베풀 줄 알아야 한다. 그럴 수 있다면 공동 연구는 즐거움을 불러올 것이고, 그렇지 않다면 최대한 빨리 끝낼 필요가 있다.

도덕 및 계약 의무

과학자는 일반적으로 고용주에게 계약에 따른 의무로 묶여 있으며, 추가로 항상 진실을 추구해야 한다는 무조건적인 의무를 진다.

과학자가 되었다고 공직자 비밀 엄수법에 따를 의무나, 검은 안경을 쓰고 수염을 기른 낯선 자들에게 제조 과정의 비법을 털어놓으면 안 된다는 회사의 규칙을 따를 의무가 사라지는 것은 아니다. 그러나 마찬가지로, 과학자가 되었다고 귀를 막고 양심의 호소에 마음을 닫아걸어도 된다는 뜻도 아니다.

계약의 의무와 옳은 일을 하고 싶다는 열망이 상충할 때는 진정으로 고통스러운 문제로 발전할 수 있으며, 많은 과학자가 이런 상황에서 갈등에 빠져 허우적거린다. 그러나 이런 문제의 해결책은 도덕적 딜레마가 발생하기 '전에' 고민해야 하는 것이다. 특정 연구기관이 인류에게 보다 고약하거나 빠른 죽음을 불러오는 발견을 선호하리라 생각할 법한 이유가 있으면, 그런 행동에 찬동하지 않는 이상 그 기관에는 애초에 발을 들이지 말아야 한다. 처음 솥을 휘젓는 순간이 되어서야 자신이 그런 야망을 혐오한다는 사실을 퍼뜩 깨닫게 될 가능성은 사실 그리 크다고는 할 수 없다. 도덕적으로 문제가 있는 연구에 참여해 놓고서 훗날 공공연하게 그 사실을 개탄하는 이들의 언사는, 아무리 가슴을 때리며 후회하더라도 하나같이 공허하고 설득력 없게 들릴 뿐이다.

진실

적절한 창의력과 상상력을 갖춘 과학자라면 자료의 해석 실수는 당연히 저지를 수밖에 없는 일이다. 여기서 당연하다는 것은, 비판에 무너지는 잘못된 견해를 품거나 가설을 제안할 수밖에 없다는 뜻이다. 물론 그쯤에서 실수가 끝난다면 딱히 해될 일도 없고 밤잠을 설칠 일도 벌어지지 않을 것이다. 과학계에서 일상처럼 일어나는 사소한 야단법석일 뿐이니까. 실제로도 그리 심각한 일이 아닌데, 당신이 잘못 추측했어도 올바르게 추측한 사람이 등장할 수 있기 때문이다. 반면 사실관계에서 그러한 실수를 저질렀다면, 이를테면 푸른색으로 변한 리트머스 시험지가 붉은색으로 변했다고 말해 버렸다면, 그건 밤잠을 설치고 새벽마다 자신을 비하하는 온갖 잔혹한 생각에 고통받을 만한 충분한 이유가 된다. 그런 실수는 다른 과학자가 교정해 주기도 상당히 힘들거나, 때로는 아예 불가능하기 때문이다. 즉, 그런 실수를 포용할 가설을 내놓을 수가 없다는 뜻이다.

내가 사실관계에서 심각한 혼동을 저지른 결과물을 그대로 학술지에 제출한 이후 보냈던 끔찍한 시간이 아직도 생생하게 떠오른다. 색 있는 기니피그에서 색소를 생산하는 세포에 해당하는 상동세포가 흰색 기니피그에도 존재한다고 믿어 버렸던 것이다. 그리고 실제 동물에서 사실관계를 세심하게 확인해서 내 마음을 평온하게 만들어 주었던 젊은 동료에 대한 감사의 마음도 함께 떠오른다. 내게 안식을 찾아준 그 확인 과정에는 특정한 미소해부 기법이 필요했는데, 그 기법을 사용하려면 24시간에 걸친 조직배양을 거쳐야 했다. 나는 그에게 세부 사항을 건너뛰어 소요 시간을 단축해 달라고 종용했지만, 해군 시절의 규범이 몸에 배어 있던 그 친구는 실험의 지시 사항을 글자 하나까지 철저하게 따랐다. 24시간을 함께 기다리면서, 나는 처참한 기분으로 〈네이처〉지에 보낼 논문 철회 신청서를 작성했다. 이런 끔찍한 순간을 겪지 않은 과학자는 정말로 운이 좋다고밖에 말할 수 없을 것이다.

물론 이런 설명은 지나치게 단순화한 것이긴 하다. 모든 과학자가 종종 그러듯이, 사실과 가설 사이에 쉽게 구분할 수 있는 경계가 존재한다고 여겼기 때문이다. 그러니까, 감각기관으로 받아들이는 정보와 그를 바탕으로 해서 세우는 이론의 구조물을 손쉽게 구분할 수 있다고 가정한 것이다. 현대의 심리학자라면 아무도 이런 관점을 받아들이지 않을 것이다. 가장 단순한 감각 판단의 결과조차도 해석하는 정신에 따라 달라질 수 있다고 지적한 윌리엄 워웰의 말을 빌리자면, "자연은 이론이라는 가면으로 얼굴을 가리고 있기"* 때문이다.

실수___ 최대한 조심했는데도 사실관계에서 실수를 저질렀다면, 예를 들어 순수한 효소를 준비하는 과정에서 불순물이 들어가거나 순수 혈통의 생쥐 대신 하이브리드 생쥐를 사용하는 등의 사태가 발생하면, 일단 서둘러 실수를 인정해야 한다. 인간의 본성이란 묘한 것이라서, 때로는 실수를 당당히 공표하는 것만으로도 신용을 얻고 체면을 구기지 않을 수도 있다. 물론 욕실 거울에서 자신의 모습을 볼 때마다 밀려오는 자괴감은 막을 수 없겠지만.

중요한 것은 실수를 감추려고 대규모 연막작전을 시도하면 안 된다는 것이다. 나는 한때 냉동건조 암세포가 냉동 상태에서도 종양을 유발할 수 있다고 주장한 과학자와 알고 지낸 적이 있다. 물론 그 주장은 실수였는데, 완전히 건조했다고 생각한 조직이 겉모습은 그렇게 보였지만 (바람에 날려 방 안을 돌아다닐 정도라고 보증하기까지 했다) 여전히 수분이 25퍼센트 정도 남아 있었기 때문이다. 그 불쌍한 친구는 논문을 철회하는 대신 자신의 진짜 연구 대상은 세포 동결 과정에서 살아남는 세포의 성질이 아니라 세포 동결의 생물물리학적 특성 그 자체라고 주장하기 시작했고, 그 결과 이후의 연구 경력에 상당한

---

* 윌리엄 워웰, 『귀납 과학의 철학』, 2판 (런던, 1847), pp. 37~42.

손상을 입었다. 만약 그가 자신의 실수를 인정하고 다른 쪽에 그 노력을 쏟았더라면, 과학에 가치 있는 공헌을 할 수 있었을 지도 모르겠다.

학계에서 잘못된 가설을 용인하는 것은 때가 되면 받아들일 수 있는 가설로 대체되리라 가정하기 때문이다. 그러나 잘못된 가설을 계속 붙들고 있다가는 치명적인 손상을 입을 수도 있 다. 자신의 가설을 깊이 사랑하는 과학자들은 그에 비례하듯 실험으로 도출한 답을 거부하는 경향을 보이기 때문이다. 때로 는 그 사랑이 너무나 깊어서, 잔혹한 비판적 검증에 내맡기는 대신 (9장의 '탄탄한 검증' 참조) 지엽적인 주변 사실만 건드리며 부수적인 함의에 대해서만 검증하거나, 아예 뒤로 물려 논박당 할 위험에서 보호하며 간접적인 검증만을 수행하기도 한다. 나 는 한 러시아 연구소에서 이런 과정을 고스란히 따르는 모습 을 목격했는데, 외국 과학자들의 의견에 따르면 주장하는 효과 가 아예 없는 것이 분명한 어떤 혈청에 그 연구소의 존폐가 달 려 있기 때문이었다.

나이를 막론하고 모든 과학자는 이 조언을 가슴 깊이 새기 길 바란다. 가설에 대한 확신의 강도는, 그 가설의 진실성에는 아무런 영향도 주지 못한다. 과학자의 확신이란, 자신의 가설 이 비판적 검토를 견딜 수 있을지 확인하고 싶다는 강한 욕구로 변환될 때에만 가치를 지니는 것이다.

시인이나 음악가라면 이런 조언을 지나치게 조심스럽고 딱하게 여기면서, 영혼 없이 진실만 추구하는 과학적 탐구 행위의 본질이 드러나는 것이라고 여길지도 모른다. 내가 보기에 예술가들은 영감이 몰아칠 때 창조된 피조물에 특별한 진정성을 부여하는 듯하다. 그리고 나는 그런 생각은 오로지 천재에 근접한 재능을 가진 이들에게나 진실이 될 수 있으리라 생각한다.

상습적으로 자신을 기만하는 과학자는 머지않아 다른 사람들도 기만하게 된다. 폴로니어스는 그 사실을 명확하게 내다봤다("다른 무엇보다도 그대 자신에게 진실해야 하리니, 그리하면 밤이 환히 밝아오는 것처럼 다른 이를 거짓으로 대할 수도 없으리로다").

생활양식

나는 과학적 발상의 창의성이 시인과 화가 등의 창의성과 같은 근원에서 나온다고 굳게 믿는 사람이다. 그러나 창의성의 발현을 이끄는 환경 요소 측면에서는, 다른 분야의 창의성에 대해 전통적인 지혜 또는 낭만적인 허튼소리가 설파하는 것들과는 상당히 다른 요소가 필요하다고 생각한다.

과학자가 창의성을 발휘하려면 도서관과 실험실과 다른 동료 과학자들이 필요하다. 물론 조용하고 근심 없는 삶도 도움이 될 것이다. 과학자는 궁핍, 초조함, 고난, 또는 감정적 학대에서 작업물의 깊이나 타당성을 얻어낼 수 없다. 물론 과학자의 개인적 삶은 때로는 기묘하고 심지어 희극적일 정도로 엉망으로 뒤섞일 수도 있지만, 그런 환경이 자연을 대하는 태도나 결과물의 질에 특별한 영향력을 행사하지는 않는다. 과학자라고 한쪽 귀를 잘라내지 못할 리는 없겠지만, 그런 행동을 창조의 고통에 번민한다는 증거로 여기는 사람은 아무도 없을 것이다. 마찬가지로 아무리 명민한 과학자라고 해도, 창조의 고통을 터무니없는 기벽에 대한 변명으로 사용할 수는 없다. 로널드 클라크는 J. B. S. 홀데인의 전기*를 쓰면서 그의 혼외정사가 어쩌다 6인회(Sex Viri)의 주의를 끌게 되었는지를 서술했다. 6인회란 케임브리지의 도덕적 평온을 주재하는 희극적인 남성 6중창 집단으로, 홀데인이 부도덕한 행위를 저질렀다는 이유로 그를 부교수직에서 배제하려 시도했다. 샬럿 버제스가 이혼하고 홀데인의 첫 부인이 되는 과정을 살펴보면 정말로 희극 오페라의 대본을 읽는 느낌이 든다.

---

* 『J. B. S. 홀데인의 생애와 업적』(런던: 호더 앤드 스토턴, 1968). 특히 pp. 75~77까지.

과학자 또는 기타 연구직 종사자에게는 평온한 삶이 필요하며, 따라서 19세기 낭만 소설에 등장하는 온갖 전형적인 창의적 예술가의 삶, 이를테면 '보헤미안의 삶' 따위와 비교하면 끔찍하게 따분하고 측은해 보일 수밖에 없다.

그러나 과학자는 윌리엄 블레이크의 "이성적인 논증을 저버리고 위대한 영감을 맞아들이는" 삶이 어떤 것인지 궁금해하기는 해도 격하게 끌리지는 않는다. 과학 연구도 충분히 깊이 빠져들 수 있으며 지적으로 정열적인 삶을 제공한다는 사실을 명확히 알기 때문이다. 베이컨, 로크, 뉴턴도 같은 생각이었을 것이다.

냉정하게 사실을 수집하고 그에 기반해 계산을 수행하는 전형적인 '과학자'의 모습은 단순한 캐리커처에 지나지 않는다. 시인의 전형적인 모습이 가난하고, 지저분하고, 엉망인 행색에, 아마 폐결핵을 앓고 있으며, 주기적으로 광란에 사로잡혀 시를 휘갈기는 사람인 것과 마찬가지다.

선취권

과학자를 폄훼하고 싶어 몸이 달아 있는 사람들, 특히 (과학자 본인들은 전혀 그렇게 생각하지 않지만) 과학자들이 냉정하고 고고하고 무심하게 진실을 추구하는 임무에 매진한다고 여기는 사람들은, 종종 과학자들이 선취권 다툼에 지나치게 매달린다고 지적하려 든다. 여기서 선취권 다툼이란, 자신의 것이라 여기는 작업 또는 개념이 다른 이들이 아니라 오로지 그에게만 소속되어야 마땅하다고 주장하는 행위를 일컫는다.

사람들은 이런 초조한 태도를 근래의 경향이라 여기기도 한다. 현대의 과학자란 경쟁으로 가득한 북적이는 세계에서 살아남아야 하므로, 그리 집착하는 것도 당연하다는 것이다. 그러나 선취권 다툼이란 딱히 새로운 경향이 아니다. 로버트 K. 머튼과 그의 학파의 연구*에서는 선취권 문제를 말끔하게 해결하려는 성향이 과학 그 자체만큼이나 오래된 것임을 명확히 증명했다. 때로는 악의와 불관용이 두드러지게 드러나기도 한다. 여러 과학자가 동시에 같은 문제를 해결하려 시도하면, 한 사람 이상이 해법을 제시하는 경우가 생기는 것은 당연한 일이다. 심지어 해법이 한 가지뿐일 때도 동시에 같은 해법에 도달하고는 한다.

DNA의 결정 구조처럼 해법이 하나뿐일 때는 특히 압박이 거세진다. 내 생각에 예술가들은 연구의 권리를 얻으려 애쓰는 과학자들의 모습을 자못 경멸하는 듯하다. 그러나 과학자의 상

---

* R. K. 머튼, 〈과학자의 행동 패턴〉, 아메리칸 사이언티스트 57 (1969).

황은 예술가의 상황과는 비교 자체가 불가능하다. 여러 시인이나 음악가에게 애국 서사시나 축하 팡파르를 창작해 달라는 주문이 들어온다면, 자신의 작품이 다른 작품에 밀린 예술가들은 누구나 분노할 것이다. 그러나 그들에게는 유일한 해법이 존재하는 것이 아니다. 두 시인이 같은 시구를 내놓거나 두 작곡가가 같은 악보를 내놓는 것은 확률적으로 불가능에 가까우며, (내가 다른 자리에서 지적한 대로) 바그너는 〈반지〉의 처음 세 편의 오페라를 작곡한 20년 동안 다른 사람이 '신들의 황혼'에 먼저 도달할까 전전긍긍할 필요는 없었을 것이다.

소유의 자부심이 중요한 요소로 간주되는 분야에서, 특히 논쟁의 대상이 되는 소유물이 개념일 경우에는, 대부분의 사람은 강한 소유욕을 느낀다. 탐사 기자의 특종 보도나 고찰, 철학자나 역사학자의 사건에 대한 명징한 견해, 관리자가 뒤엉킨 사건을 해결하려고 고안한 자금이나 권리의 양도 방법 등, 개념을 만들어낸 사람은 누구나 자신의 소유권을 인정받기를 원한다. 사실 나는 선취권에 대한 집착이 모든 직종에 존재한다고 생각한다. 자동차나 의복 디자이너처럼 생계가 걸렸을 수도 있지만, 때로는 공격적인 오만함이 문제를 초래하기도 한다. 예를 들어, 알라메인 전투의 승리자인 몽고메리 원수는 탐욕스럽게 개인의 전공戰功을 챙기는 사람이었다고 한다. 심지어 자기 것이 아닌 경우에도.

우선순위로 인한 다툼은 특히 과학에서 극심하게 발생하는데, 과학의 개념이란 이내 공공의 소유물이 될 수밖에 없으며, 따라서 과학자가 즐길 수 있는 소유의 기쁨이란 '처음' 그 개념에 착안해서 다른 누구보다 먼저 해결책 중 하나 또는 유일한 해결책에 도달한 사람으로 인정받는 것뿐이기 때문이다. 나는 소유의 자부심 자체에는 아무런 문제도 없다고 생각한다. 다만 다른 모든 분야와 마찬가지로 과학에서도 소유욕, 비열함, 비밀주의, 이기적인 태도는 온갖 질시를 끌어모은다는 점을 염두에 둘 필요가 있다. 소유의 자부심을 고고한 태도로 표현하는 과학자는 자신의 인간 본성에 대한 이해가 부족하다는 슬픈 사실을 드러내 보일 뿐이다.

과학계에서 비밀주의란 물론 결점이기는 하지만, 그래도 나름의 희극적인 면이 존재한다. 젊은 연구자는 종종 다른 모든 사람이 자기 연구에서 그를 앞지르려고 애쓰고 있다는, 가장 사랑스럽고 희극적인 환상에 사로잡혀 있기 일쑤다. 그러나 현실에서 그 연구자의 동료들은 제각기 자기 연구에만 신경 쓰고 있을 뿐이다. 지나치게 비밀스럽거나 의심이 많아서 동료들에게 아무것도 알려주지 않는 연구자는, 머지않아 자신도 그 대가로 아무것도 배울 수 없게 된다는 사실을 깨닫게 된다. 폭연 방지용 휘발유 첨가제를 발명한 유명한 발명가이자 제너럴 모터스의 공동 창립자인 G. F. 케터링은, 문을 닫아거는 사람은 내보내지 않는 것보다 받아들이지 못하는 것이 더 많은 법이라고 말한 적이 있다고 한다. 내가 항상 함께 일해 온 동료 집단에는 모두가 동의하는 규칙이 하나 있다. "모든 사람에게 아는 것을 모두 털어놓을 것"이다. 그리고 나는 이 규칙을 따라서 손해를 본 사람을 한 사람도 알지 못한다. 이 규칙이 훌륭한 이유는, 과학자의 연구란 하나같이 매혹될 정도로 흥미롭고 중요하기 때문에, 동료에게 자기 연구를 온전히 설명해 주는 일이 큰 은혜나 다름없기 때문이다. 그러나 이렇게 은혜를 베푸는 과학자는 공정하게 행동할 필요가 있다. 동료들에게 자신의 연구에 대해 전부 설명해 줄 생각이라면, 다른 이들의 연구에도 마음이 사로잡힐 만반의 준비를 해야 한다는 것이다. 연구 실험실의 인간 군상들이 벌이는 온갖 희극 단막극 중에서도 가장 끔찍해서 차라리 눈을 돌리고 싶게 만드는 광경이 하나 있다. (아마 눈을 빛내고 있을 것이며, 수염을 길렀을 가능성이 절반쯤 되는) 젊은 과학자가 동료 한 명(많으면 최대 세 명까지 가능하다)을 붙들고 서서 연구의 모든 제반 사항을 시작부터 끝까지 남김없이 설명하려 애쓰는 모습이다.

자, 지금까지 고고하게 선회비행을 하며 시간을 끌었지만,

결국 선취권에 대한 논의를 마무리하려면 제임스 D. 왓슨과 『이중나선』의 논란을 언급할 수밖에 없다. 이야말로 가장 치열한 형태의 선취권 다툼이기 때문이다. 나는 『진보에의 희망』에서 왓슨을 변호했으며, 그 이유는 인정욕구에 대한 변명을 받아들인 이유와 완전히 똑같다. 왓슨 본인에 대해 판결을 내리기 전에, 문인들이라면 부디 그 천재성이 진품이라는 이유로 아무리 불쾌하고 기괴한 행동을 취해도 문책을 피해가는 여러 작가들을 되돌아봤으면 한다. 짐 왓슨은 분명 매우 명민한 젊은이였고, 나는 『이중나선』이 고전의 반열에 올랐다고 자신 있게 말할 수 있다. 따라서 이 문제는 셀 수 없이 많은 측면에서, 특히 그가 마땅히 인정해야 할 사람들에게 영예를 돌리지 않았다는 점에서, 질책보다는 애석함을 불러일으킨다고 해야 할 것이다. 그 애석함이란 젊은 왓슨이 자신이 참여해서 이룩한 그 위대한 업적에 걸맞을 만큼 훌륭한 인격자가 아니었다는 사실에서 연유하는 것이다.

과학자의 수완__ 과학수완(scientmanship)이라는 단어는 물론 스티븐 포터의 발명품이다. 그가 말하는 과학수완이란 과학계에서 다른 이들보다 한 발짝 앞서기 위해 발휘하는 온갖 수완을 의미한다. 어니언스는 어원학 사전에서 과학을 수행하는 사람을 지칭하는 '과학가scientman'라는 단어가 있었다고 말했다.[*] 워웰이 과학자scientist라는 단어를 만들어낸 것은 1840년에 이르러서였다. 사실 워웰이야말로 과학계 최고의 작명가라고 할 수 있을지도 모른다. 왕립학회 기록 출판물 중에는 워웰과 마이클 패러데이가 전해 전지의 양극에 어떤 이름을 붙일지 의견을 교환했던 서간문 목록이 있다. 패러데이는 볼타극과 갈바노극, 우극과 좌극, 동극과 서극, 아연극과 백금극 따위를 생각해냈다. 이에 대한 워웰의 마지막 서신에는 명백한 최종선고의 분위기가 흐른다. "친애하는 선생… 제가 한 가지 이름을 추천해 보고자 합니다… 음극과 양극은 어떻습니까." 그리고 지금까지 그 명칭은 변하지 않았다.

과학수완이란 과학 이외의 수단을 이용해 과학자 자신의 명성을 증대시키거나, 다른 이의 명성을 깎아내리는 행위를 의미한다. 과학수완의 사용은 모든 면에서 불명예스러운 일이며, 그 사용자에게 인품이라고는 조금도 없다는 슬픈 사실을 드러내 보인다. 하지만 이런 수단 자체는 아주 오래전부터 사용되어 온 것이다. R. K. 머튼의 저술에 따르면, 갈릴레오는 "천문학에 사용할 수 있는 망원경을 발명했다는 명예를 어떤 식으

---

[*] C. T. 어니언스 편. 『옥스퍼드 영어 어원학 사전』 (옥스퍼드: 클라렌던 출판, 1966).

로든 깎아내리려고 애쓴" 적수에 대한 불만을 종종 표출했다고 한다.

이야말로 가장 고약한 악의로 가득한 과학수완이라 할 수 있다. 다른 사람의 착상을 훔친 과학자는 종종 실제 발견자와 자신 양쪽 모두가 훨씬 오래된 근원으로부터 각자 독립적으로 착상을 얻어냈다는 인상을 남기려고 상당한 노력을 기울인다. 한때 친구였던 과학자가 바로 이런 기법을 사용해서 자신의 연구에 내 착상이 도움을 줬다는 사실을 인정하지 않으려 했을 때, 나는 상당히 놀랐고 상처를 입었다.

다른 고약한 속임수로는 착상을 빌려 온 과학자의 연구를 인용할 때는 기나긴 논문 목록 중에서 가장 최근의 것만 언급하고 넘어가고, 자신의 연구를 인용할 때는 아주 먼 과거까지 거슬러 올라가는 행위가 있다. 이는 다른 사람이 과거 연구자의 연구를 추적할 수 없게 만들고 자신의 이야기가 완전한 공상과학이라는 사실을 증명하기 힘들게 만들려는, 불명예스럽고 용납할 수 없는 고약한 과학수완 기법이다. 이런 속임수를 사용하는 사람은 아마도 자신에 대한 평가가 상당히 낮을 것이며, 그런 수법을 아는 모든 사람이 같은 의견을 공유할 것이다. 사실 범죄를 저지른 사람이 좋은 평가를 원하는 계층 쪽에 서야말로 그렇게 반응할 확률이 높다.

과학수완을 발휘하는 이들의 다른 속임수로는 엄격한 비판의 척도를 가진 사람들에게 영향력을 끼쳐 어떤 증거로도 만족하지 못하도록 만드는 방법이 있다("이 정도로는 만족하기 힘들겠지만…" "완벽하게 동의한다고는 말할 수 없겠지만…"). 그리고 자신이 과거에 전부 생각했거나 행동으로 옮겼던 것들이라 말하는 방법도 있다("패서디나에서 비슷한 결과를 얻었을 때 제가 생각했던 것과 완벽하게 똑같군요."). 나는 예전에 연배 높은 의학자를 한 사람 알고 있었는데, 타인의 연구를 너무 가차 없이 비판해서 애초에 믿을 생각도 없었던 것은 아닌가 궁금해질 정도의 사람이었다. 예상 가능한 대로 뛰어난 지적 능력에도 불구하고 자신의 착상이랄 것은 제대로 내놓지 못하는 사람이었지만(그 때문에 그렇게 비판적인 성격이 되었을지도 모를 일이다), 어쩌다 착상을 하나 발표할 때면, 세상에 지금껏 등장한 적 없는 최고로 중요하고 근본적으로 명징한 가설로 취급하고는 했다. 그 주제에 대해서는 모든 비판 능력이 정지해 버리는 것 같았다. 자신의 착상에 완전히 심취해 버린 것이다. 반박하면 즉각 모욕을 당한 듯한 반응이 돌아왔고, 때로는 적개심으로 이어지기도 했다.

과학자들은 이런 속임수를 아주 잘 알아채기 마련이며, 이런 과학자들은 과학수완을 발휘할 때마다 자신의 무능함을 깨닫고 자부심이 떨어지리라 생각한다. 과학자의 주요한 성취 중 하나가 자부심의 획득이라는 점을 고려해 보면, 참으로 애석한 일이라 아니할 수 없다.

순수과학과 응용과학의 속물주의

과학에서 가장 피해가 막심한 부류의 속물주의는 순수과학과 응용과학 사이에 명확한 계급의 선을 긋는 행위다. 아마 잉글랜드에서 이런 현상이 가장 심할 텐데, 상업 또는 상업 진흥으로 이어지는 여타 행위를 혐오하는 고고한 시기가 상당히 오래 이어졌기 때문이다.

이런 계급 분할에는 특히 모욕적인 측면이 있는데, '순수'라는 단어의 원래 의미를 완전히 호도하는 사고방식에 기반을 두고 있기 때문이다. 보통 이 단어의 어감 때문에 순수과학이 응용과학보다 고상한 위치에 있다고 생각하기 쉽지만, 원래 '순수'라는 단어는 (당시에는 천박한 행위로 여겨졌던) 관찰이나 실험을 통하지 않고, 순수한 직관이나 계시나 자명한 논리에서 유추한 공리나 기본 원칙으로 구성된 과학을 가리키는 표현이었다. 절대적인 지성을 영접했다는 특권의식에 사로잡힌 '순수 과학자'들은 동물 사체를 해부하거나, 금속을 하소煆燒하거나, 화학물질을 섞어서 자연적으로 일어날 수 없는 다양한 조합을 만들어내는 사람들을 경멸했다. 이런 온갖 행위는 학자들에게, 그리고 내가 옥스퍼드에서 교직에 몸을 담았던 젊은 시절에는 인문주의자 동료들에게도, 비교적 열등하며 품위를 떨어트리는 일이고 장인이나 숙련공의 인상을 준다고 여겨졌다. 이들은 응용과학자를 응접실에 어울리지 않는 사람이라 여겼고, 관후한 이들의 노력에도 불구하고 가장 덜 깐깐한 이들조차도 꺼리는 기색을 숨기지 못했다("자네 여동생이 응용과학자와 결혼하고 싶다고 말한다면 어떤 기분이 들 것 같나?"). 경애하는 베이컨 경이 순수과학을 빛이라 칭하지 않았던가? 자연계를 비출 빛의 불씨가 되리라는 생각에서? 그리고 조물주께서도 응용과학으로 생각을 돌리기 전에 빛이 있으라고 말씀하지 않으셨던가?

이런 속물주의는 300년 이상 유지되었다. 그 때문에 1667년에 왕립학회의 역사가 한 명은 다음과 같은 기록을 남겼다(여기서 그가 언급하는 '발명'은 공학적인 도구나 기계장치의 발명을 말하는 것이다. 즉, 기술 측면인 셈이다). (그러니까 왕립학회의 '기술과과학'에 바치는 건배사나 자연과학의 이해를 증진하는 런던 왕립학회와는 전혀 관계가 없는 왕립 기술학회 등에서 말하는 '기술'이란 공예, 장치, 기구를 말하는 것이다. 즉 사상을 품고 있거나 그 사상을 행위로 옮기는 다양한 수단을 의미한다)

발명이란 영웅적 행위이며 저급하고 범박한 천재성으로는 접근할 수 없다. 여기에는 행동력 있고, 단호하며, 명민하고, 쉬지 않는 정신의 힘이 필요하다. 평범한 마음을 으스러트릴 수 있는 수천 가지의 고난을 우습게 여길 수 있어야 한다. 어떤 목적도 없이 수많은 시도를 수행해야 한다. 아무런 보답도 없이 막대한 재화를 소모해야 한다. 맹렬한 정신과 활력 있는 사색이 뒷받침되어야 한다. 신뢰의 원칙을 엄격하게 적용할 경우 쉽사리 면책받을 수 없을 변칙이나 과잉의 존재는 실로 당연하다고 여겨야 할 것이다.[*]

그러나 토머스 스프랫은 응용과학의 성립에는 경험 철학의 도움이 필수적이라고 믿었다. "수공업 기술에서 진보를 이룩할 수 있는 가장 확실한 방법은, 경험 철학의 지시에 따르는 것이다… 힘이란 지식에서 나오기 마련이다." 여기에 왕립학회사의 앞부분에서 그가 언급한 내용을 덧붙여 주면, 그의 서술에 불협화음이 깃들지도 모르겠다. "영국에서 가장 먼저 개량되어야 하는 부분은 바로 산업기술이다… 산업을 증진하는 진실된 방법은 왕립학회가 철학으로 개척한 경로에 노동과 노력

---

[*] 토머스 스프랫, 『자연 지식의 증진을 위한 런던 왕립학회의 역사』, 1667, p. 392.

을 동원하는 것이다. 말이나 서류 속의 명령이라는 처방전을 따라서는 불가능할 것이다."[*]

영국에서 기술산업이 빠르게 성장하던 시대라는 사실을 고려하면, 스프랫의 관점도 나름 이해할 만하다. 당시 우리는 첫 산업혁명을 겪고 있었다. 어쩌면 새뮤얼 테일러 콜리지가『인사이클로피디아 메트로폴리타나』의 서문에서 언급한 내용이 오히려 놀랍게 다가올지도 모르겠다. 그는 여기서 다음과 같은 충고를 했다. "아크라이트 방적기가 탄생한 나라에서, 상업의 철학과 기계역학을 별개로 간주할 수는 없을 것이다. 그리고 데이비램프의 발명자가 농업학 강의를 하는 나라에서, 화학에 대한 철학적 관점이 골짜기마다 흘러넘치는 곡물의 수확량에 영향을 주지 못했다고 주장하는 것도 상당히 어리석은 행동일 것이다."

응용과학을 깔보는 행동의 가장 해롭고 반어적인 결과물은, 그 반동으로 순수과학 대신 현실에서의 응용에 지원이 몰렸으며, 그에 따라 소매업의 필요에 따라 연구를 지원하는 부당한 체제가 잉글랜드에 확립되었다는 것이다. 소위 말하는 소비자-계약자 원리가 적용된 셈이다. '학계'라는 단어를 자못 경

---

[*] 상동, p. 421

멸하듯 내뱉는다는, 지성인 중에서도 가장 저급한 자들에게서 나 발견되는 있는 행위를 이제는 손쉽게 찾아볼 수 있게 되었 다. 왕립학회에 대한 다음 기술에서 찾아볼 수 있듯이, 스프랫 은 이런 여론 변화를 매우 이상하게 여겼을 것이다.

우리가 여러 사람의 마음속에 친애하는 베이컨 경의 통찰력을 심을 수 없다니 참으로 묘한 일이 아닐 수 없다. 베이컨 경은 빛 을 드러내는 실험에 더불어 결실도 필요하다고 설파했다. 일반 대 중의 언어로 바꾸자면, 여기서 어떤 명확한 이로움을 얻을 수 있 을까? 라는 질문이 될 것이다. 명확한 이로움을 징수하려는 징세 관의 행위는 칭송해야 마땅하다. 그리고 감히 소망해 보자면, 이 런 열정은 실험만이 아니라 삶과 행동에도 적용해야 마땅할 것이 다. 자신의 모든 행동을 반추하며, 여기서 어떤 명확한 이로움을 얻을 수 있을 것인가? 라는 질문을 던져야 한다. 그러나 먼저 한 가지 사실을 깨달아야 한다. 실험과 마찬가지로 기술의 범주 역시 방대하고 다양하므로, 그 유용성에도 다양한 층위가 있다는 것이 다. 일부는 실생활에 사용할 수 있으며 별다른 기쁨 없이 명확한 이로움을 가져온다. 일부는 당장 이로움이 없을지라도 가르치면 도움이 된다. 일부는 가벼운 이로움이지만 꾸준히 얻을 수 있다. 일부는 단순한 장식물이자 진기한 수집품일 뿐이다. 만약 대중이

즉각적인 이로움과 현재의 수확물을 가져다주는 것을 제외한 모든 실험을 경멸하는 태도를 유지한다면, 결국 모든 계절을 수확과 생산의 철로 만들지 않았다는 이유로 신의 섭리에도 트집을 잡게 될 것이다.[*]

그래, 참으로 묘한 일이지 않은가?

비판적 정신

교우 관계를 유지하고 적을 늘리기를 원치 않는 과학자라면, 항상 코웃음 치며 비판만 하다가 상습적 불신자라는 명성을 얻는 일을 피해야 한다. 그러나 과학자는 어리석음이나 미신이나 거짓이라 입증될 수 있는 신념을 용인하거나 묵인해서는 곤란하다. 어리석음을 인식하고 혹평을 내뱉고 다니면 친구는 적어질지 몰라도, 경외심은 어느 정도 얻을 수 있을지도 모른다.

나는 여러 해에 걸쳐 다양한 층위의 잘못된 믿음을 수집해 왔다. 여기서 그 일부를 논의하면 내가 정당하다고 생각하는 비판의 실례가 될 수 있을지도 모르겠다.

---

[*] 상동, p. 245

'현대 의학은 감기조차 치료하지 못한다'라는 경멸 어린 주장을 다들 들어본 적이 있을 것이다. 여기서 문제가 되는 것은 이 주장의 진위가 아니라 (진실이긴 하니까) 그 안에 숨은 암시다. 현대 의학으로는 감기조차 치료하지 못하는데 암 연구에 수조 달러를 들이붓다니 터무니없지 않은가, 라는 의도가 들어 있는 것이다. 여기에는 제법 보편적인 오해가 숨어 있는데, 바로 임상에서 가벼운 증세를 보이는 질병은 원인 또한 단순하며, 심각한 질병은 상당히 복잡하고 그에 비례해 원인을 판별하거나 치료하는 일도 상당히 어려울 것이라는 가정이다. 그리고 양쪽 명제 모두 사실이 아니다. 감기는 다양한 상기도上氣道 감염 바이러스가 온갖 종류의 알레르기성 신체 반응을 유발하는 극도로 복잡한 질환이다. 아직 제대로 이해되지 않는 부분이 많은 습진 또한 마찬가지다. 반면 페닐케톤뇨증과 같은 아주 끔찍한 질병은 비교적 원인이 단순하다. 그런 질병 중 일부는 페닐케톤뇨증처럼 예방할 수도 있고, 다양한 박테리아성 감염증처럼 치료할 수도 있다. 암 중에서도 비교적 단순해서 피할 수 있는 것들도 있다. 흡연이나 특정 공업용 화학물질의 접촉으로 유발되는 종양이 그런 예가 될 것이다. 실제로 여러 현명한 전문가들은 외부 물질로 인한 발병이 최대로 잡으면 전체 암 발병률의 80퍼센트까지 차지할 수도 있다고 말하기도 했다.

감기 이론과 비슷한 부류의 오해 중에는 '암이란 문명의 질병이다'라는 주장이 있다. 서방의 산업국가에서 암이 훨씬 보편적으로 유행하므로, 이는 사실에서 유추한 자연스러운 결론처럼 보인다. 그러나 인구 통계나 역학疫學에 익숙한 사람들이라면, 여기서 비교하는 대상 인구군이 진정으로 비교 가능한지를 우선 질문할 것이다. 그리고 이 경우에는 사실 그렇지 않다. 서구 시민의 기대수명이 훨씬 크기 때문에, 즉 다른 이유로 죽을 확률이 낮기 때문에, 중년기 이후에 주로 걸리는 암의 발병률이 비교적 높은 것이다. 따라서 이는 잘못된 유추다. 사망률을 제대로 비교하려면 우선 연령대 구성과 같은 다양한 변수를 정량화해야 하고, 실제 질환을 진단하는 기술의 차이도 염두에 두어야 한다.

과학자가 친구를 잃는 다른 방법으로는 선택적 기억이 판단에 미치는 영향을 지적하는 것이 있다. "내 사촌 위니프레드의 꿈을 꾼 바로 다음 날 그녀의 전화를 받는 일이 정확히 세 번이나 있었다네. 이게 꿈이 미래를 예견할 수 있다는 증거가 아니라면 대체 뭘 가져와야 하겠나." 그러나 젊은 과학자라면 여기에 이의를 제기하며 이렇게 말할 것이다. 그렇다면 위니프레드 양의 꿈을 꾸고 나서 전화를 받지 못한 적은 얼마나 있습니까? 그리고 사실 그녀는 거의 매일 전화를 걸어 오지 않습니까? 우리는 오직 놀라운 우연만 기억한다. 불운이 하나나 둘씩 찾아오는 경우는 기억하지 못하면서 셋이 함께 오는 경우만 (또는 다른 수비학적으로 의미 있는 숫자만) 기억한다면 이로서는 아무것도 증명할 수 없다. 고약한 운전 실력을 다른 예로 들어 보자. 특정 성향의 남자는 종종 여성이 모는 차만 기억해 놓는다. 그리고 자신의 논리적 오류는 알아차리지 못한 채, 여성은 운전 실력이 부족하다고 확신해 버린다.

이런 비슷한 주제에 관해서, 내분비학자인 드와이트 잉글 박사는 다음과 같은 진부한 농담의 파생형을 들려준 적이 있다.

> 정신과 의사: 왜 그렇게 팔을 휘저으시는 겁니까?
> 환자: 성난 코끼리들이 다가오지 못하게 하려고요.
> 정신과 의사: 하지만 여기에는 성난 코끼리는 없는데요.
> 환자: 그렇죠. 효과가 대단하지 않나요?

상당히 많은 사람이 인과관계를 혼동하는 오류를 범하고 있으며, 애석하게도 과학자라고 해서 예외는 아니다. 예를 들어, 과거에 배아를 연구하던 생물학자들은 발생 단계에서 선조에 해당하는 모든 생물군의 온전한 해부학적 기록이 드러난다는 사실로 발생학의 모든 의문을 설명할 수 있다고 믿곤 했다.

미신에 대처하는 일은 그리 쉽지 않다. 어쩌면 점성술의 예언에 논리를 들이대지 않는 편이 나을지도 모른다. 그러나 어쩌면 가끔가다 한 번씩은, 점성술이 진실일 가능성이 선험적으로 매우 낮다는 사실을 환기하고, 점성술이 옳다는 설득력 있는 증거가 부재함을 지적하는 정도는 의미가 있을지도 모른다. 하지만 결국에는 잠든 유니콘의 코털을 건드리는 일은 삼가는 편이 나을 것이다. 나 자신도 과거에 숟가락 구부리기를 비롯한 다양한 '염동력' 현상에 대한 언급을 삼갔던 적이 있다.

실험 결과를 편애하는 일이 얼마나 위험한지를 잘 아는 현명한 과학자나 의학자들은, 그런 상황을 방지하려고 온 힘을 기울인다. 실험을 완벽하게 통제할 수 없는 경우에는 그런 통제 불가능한 변인이 증명하고 싶은 가설에 반대되는 결론을 끌어낼 수 있는지를 검증하기도 한다. 이제 경험과 도덕성을 겸비한 임상 의학자들 사이에서는 '이중맹검법'이 갈수록 인기를 끌고 있다. 지급된 약물이 실제 효력이 있는 약물인지, 아니면 모양과 맛만 똑같은 위약인지를 의사도 환자도 모르는 상태에서 시험하는 것이다. 시험을 엄밀하게 수행하고, 암호표를 넣어둔 서랍의 열쇠를 잃어버리지만 않는다면, 진정으로 객관적인 견지에서 치료제의 효과를 확인할 수 있다. 의사 또는 환자의 소망은 전혀 영향을 끼칠 수 없다.

실제로 기만하려는 의도에서 의약품의 효력을 과장하는 경우는 상당히 드물다. 보통은 모든 사람의 선의가 한데 어울려 상냥한 음모를 꾸며내는 것이다. 환자는 병이 낫고 싶고, 의사는 그를 치료해 주고 싶으며, 제약회사는 증상이 호전된 것을 의사의 덕으로 돌리고 싶은 것이다. 통제된 임상시험은 이런 온갖 선의가 함께 꾸미는 음모에 휘말리는 일을 막으려는 노력인 셈이다.

7. 과학자의 젊음과
원숙함에 관하여

젊음이란 그 사랑스러움에
도 불구하고 곳곳에 위험이 숨어 있는 법이며, 그 위험의 실체
는 하나씩 세세히 살펴보지 않고는 온전히 파악하기 힘들다.

과도한 자만심__ 때로는 성공이 젊은 과학자에게 악영향
을 끼친다. 갑자기 다른 사람들의 연구가 설계상으로 조악하거
나 제대로 수행되지 못한 것처럼 보이기 시작하는 것이다. 이
런 젊은 천재는 '자신이 직접 살펴본' 일이 아니면 받아들이지
않기에 이른다. 그래, 그 천재는 물론 다음 학회에서도 자신의
연구에 대한 논문을 제출할 것이다. 지난 학회에서도 논문을
제출하긴 했지만, 이후 상황에 진전이 있었으니 연구 근황이

듣고 싶은 사람이 잔뜩 생겼을 것이기 때문이다.

옛날에는 자만심이 가득한 사람들에게 부풀린 돼지 방광으로 머리를 한 대씩 때려 주는 치료를 베풀었다. 어쩌면 젊은 과학자가 자만심만 아니었더라면 그를 사랑하고 행운을 빌어 주었을 사람들의 적대적인 견해에 상처를 받기 전에, 그 정신을 이어받아 제대로 질책해 주는 편이 나을지도 모른다.

젊고 영민한 과학자__ 젊은 나이부터 진정으로 천재성을 보이는 과학자가 있으면, 동료들은 보통 그에게 관용을 베풀게 된다. 심지어 면도날처럼 날카로운 지성과 번득이는 이해력이 눈에 띄고, 제3세계 국가의 국립과학협회 회보나 먼 옛날의 〈식품점과 생선가게〉 회보에만 기록된 사실이나 견해를 즉석에서 떠올리는 비범한 능력까지 보이면, 그를 바라보는 눈길에는 애정이 섞인 자부심이 깃들 수도 있다.

야망__ 야망은 종종 작업을 완수하는 동기가 되기도 하니, 대죄라고까지 부를 수는 없다. 그러나 과도한 야망은 분명 볼썽사납기는 하다. 야망을 품은 젊은 과학자는 자신의 연구를 진척시키거나 영향을 끼칠 수 있는 것을 제외한 모든 사람이나 존재를 외면하는 경향을 보인다. 자신의 기준에 들지 못하는 세미나나 강연은 회피하며, 그런 방향의 논의를 원하는 이들은 지루하다고 치부한다. 야망을 품은 이들은 자신의 이익에 도움이 되는 이들에게는 눈에 띄게 예절 바르게 굴며, 그에 비례하듯 그렇지 않은 이들에게는 무례하게 대한다. "저 사람한테까지 친절하게 굴 필요가 없었으면 좋겠는데요." 옥스퍼드의 어느 야심찬 젊은 교수 한 사람은 전체 식탁에서 식사하고 있던, 과학에 대해 아마추어 수준의 흥미를 품은 친절하고 어리숙한 노인을 지적하며 이렇게 말했다. 그는 명확하게 친절하지 않게 굴었으며, 그 일로 딱히 피해를 받을 일도 없었지만, 태연하게 그런 행동을 지시하는 정신은 분명 병증을 품었다고 간주해야 할 것이다.

나이를 먹는 법

다른 모든 부류의 인간과 마찬가지로, 젊은 과학자도 나이를 먹어 10년이 지날 때마다 이렇게 혼잣말을 중얼거릴 것이다. "아, 좋아. 이걸로 끝이군. 지금까지는 정말 즐거웠지만, 이젠 당당하고 품위 있게 남은 시간을 보낼 걱정을 할 때지. 내 연구가 나보다 조금이라도 오래 살아남았으면 좋겠는데."

그러나 과학자는 이런 음울한 예상조차도 대부분의 다른 직종에 비해 어긋나기가 쉽다. 연구에 매진하는 과학자는 자신을 늙었다고 여기는 법이 없다. 그리고 건강과 직장 정년과 행운이 뒷받침해주는 한은, 꾸준히 연구에 매진하며 매일 아침 새로 태어나는 기분을 느낀다는 젊은 과학자의 특권을 함께 누릴 수도 있다. 이런 전염성 있는 열정은 미국이 배출한 한 세대의 위대한 생물학자들이 표출하는 사랑스러운 특성이기도 하다. 이들은 인간의 수명에 대한 온갖 법칙이나, 심지어 연령이 육체에 미치는 함의에도 조금도 영향을 받지 않는 듯하다. 페이튼 라우스(1879~1970), G. H. 파커(1864~1955), 로스 G. 해리슨(1870~1959), E. G. 콩클린(1863~1952), 찰스 B. 허긴스(1901~1997) 등이 이 세대에 속한다.

나이를 먹으며 가장 빠르게 퇴보하는 능력이 무엇인가의 문제는, 사실 아직 제대로 탐구된 적이 없다. 사람들은 흔히 창조력이 급격히 퇴보한다고 가정하고는 하는데, 이에 대한 반례로는 베르디가 80세에 작곡한 오페라 〈폴스타프〉가 종종 등장한다. 그리고 이를 배제해도 티치아노 말년의 훌륭한 회화 작품들도 비슷한 정도의 신뢰를 실어 준다. '연구는 젊은이의 유희다'라는 격언은 사실이라고는 할 수 없으며, 훌륭한 수상으로 이어진 연구가 딱히 젊은 연령대에 집중되는 것도 아니다. 해리엇 주커먼은 『과학계의 엘리트』에서 미국인 노벨상 수상자를 대상으로 과학 발전에 기여한 연구를 수행한 (보험사의 표현을 따르자면) '위험군' 연구자의 연령 분포를 살펴봤는데, 수상으로 이어진 연구를 수행한 시기의 최빈값은 중년기 초반이었다고 한다.

유감스러운 일이지만, 나는 나이 든 과학자라는 표현을 들을 때마다 반백이 된 사람들이 위원회 회의석에 둘러앉은 모습이 떠오른다. 다들 자신의 주장이 옳다고 확신하며 과학의 미래에 대한 선언을 남발하는 사람들 말이다. 물론 그들의 선언은 철학자들에게는 근본적으로 건전치 못한 것으로 들릴 테지만 말이다.[*]

나는 중년에 접어들어 하워드 플로리 경과 절친한 사이가 되었다. 그는 내 첫 고용주이자, 젊은 시절에는 균류 추출 페니실린을 개발한 사람이기도 했다. 플로리는 자기 연구의 후원금을 모아들이느라 낭비한 시간과 노력을 끔찍하게 혐오했다. 한번은 당연히 후원해 주리라 생각하고 높으신 분들의 위원회에 후원을 신청했다고 한다. 그러나 천만의 말씀. 회의석에 둘러앉은 백발의 현자들은 단호하게 고개를 저었다(플로리는 "아니, 그냥 턱살이 떨린 걸지도 모르지만"이라고 덧붙였다). 그들은 항박테리아 요법의 미래는 인공유기화합물에 달려 있으며, 게르

---

[*] P. B. 메더워, 『해결 가능성의 기술』에 수록된 〈어느 생물학적 회상〉 참조. 특히 99쪽에서 미래의 발상을 예측할 수 있다는 주장을 논리적으로 반박해 놓았다.

하르트 도마크의 설파닐아미드가 시대의 패러다임이라 선언하면서, 균류나 박테리아의 추출물 따위는 맥베스 4장 1절의 중세식 약전藥典에나 어울리는 것이라 매도했다는 것이다. 그런 높으신 분들의 언행을 기록했던 역사가는, 개인적인 자리에서 그들의 관점이 당대 기준으로는 완벽히 정당한 것이었다고 변호를 시도했다. 그러나 이는 제대로 된 변호라고 할 수 없다. 추가로, 물론 현실적으로 불가능한 일이기는 하지만, 플로리가 성급하고 공격적으로 자존심을 표출하는 사람이었다는 점도 영향을 끼치면 안 되는 것이었다. 여기서 위원회가 잘못한 쪽인 이유는, 그들이 사실상 가장 뒤떨어지고 불확실한 견해만 타당하게 여기겠다고 당당하게 선언한 셈이었기 때문이다.

나는 다른 무엇보다도 설파닐아미드와 인공유기화합물에 대한 전반적인 견해에서, 상상력이 완전히 고갈되었으며 지적 명민함이라고는 도저히 찾아볼 수 없다는 점을 용서할 수가 없다. 공직자 비밀 엄수법이라는 두터운 장막 덕분에 전체 회의록을 확인할 수는 없지만, 나는 그 위원회의 위원들이 지독하게 평범한 관점을 반복 재생산하며 서로에게 확신을 심어 주었으리라 장담할 수 있다. 그들은 언젠가는 (전쟁이 계속되는 와중이었으니 참으로 속 편한 소리였다) 위대한 인공유기화합물이 생물학자들이 우려낸 생물 국물을 완전히 몰아내리라 생각하고 있었다. 그래도 적어도 내가 들은 바에 의하면, 그 위원회에서 현명한 축에 속하는 위원들은 플로리와 플레밍의 착상에 시도할 가치는 있다고 옹호했다고 한다. 그러나 다른 누군가가 단호한 태도와 확신에 찬 목소리를 뿜내며 등장해서, 찬동자들을 고루하고 낡은 관점의 옹호자라고 매도하며 찍어눌렀다는 것이다.

자신의 관점에 대한 지나친 자부심은 실로 노년기의 악덕이라 부를 법하며, 그런 모습은 젊은 과학자의 지나친 자만심만큼이나 꼴사납기 마련이다.

연구 후원금은 한정되어 있으며, 따라서 언제나 후원할 연구를 선별해야 한다는 점을 고려하면, 방금 내 공격적인 논조가 끔찍하게 부당하게 들릴지도 모르겠다. 물론 그런 관점도 충분히 납득할 수 있다. 그러나 젊은 과학자들은 단순한 판단 실수가 아니라 자신의 주장만이 옳다고 주장하는 경직된 자세에 적개심을 보인다. 전문 조언자나 예언가들이 비난을 받는 이유는 자기 예언이 옳다고 주장하기 때문이지, 예언이 틀렸기 때문이 아니다. 책임이 막중한 지위에 있는 노년의 과학자는, 개선식에서 로마 황제를 따라다니며 그의 필멸성을 일깨워주던 바로 그 목소리를 달고 살아야 한다. 자신이 얼마나 쉽게 실수할 수 있는지, 바로 그 순간에도 실수를 저지르고 있는지를 일깨워주는 목소리를 말이다. 내가 플로리 교수의 연구실에서 보낸 몇 년 동안, 그는 다른 사람들의 연구 환경을 조성해 주는 데 자기 시간의 대부분을 쓴다고 투덜대고는 했다. 그러나 이는 나이 든 과학자의 가장 큰 임무는 젊은 과학자의 복지에 기여하는 것이라 여기는, 진정한 친절과 건전한 상식의 발로라고 할 수 있을 것이다.

나이 든 과학자를 상대하는 젊은 과학자들은 그들이 젊은이의 이름이나 얼굴을 기억해 줄 것이라 기대해서는 안 된다. 얼굴이 특히 그런 경향이 심하다. 1년 전 애틀랜틱시티의 학회*에서 해변 산책로를 걸으며 정겨운 대화를 나누었더라도 그 점은 변하지 않는다.

물론 상급자에게 아첨하려고 애쓰는 행위도 곤란하다. 그런 시도는 너무도 자주 실패로 돌아가기 때문에, 아예 시도조차 않는 편이 낫다.

나이 많은 과학자의 환심을 사고 싶다면, 알랑거리며 뻔히 거짓인 존경심을 보이는 것보다는, 차라리 노과학자의 관점이

---

* 미국 실험생물학회의 연례 학회는 종종 애틀랜틱시티에서 열리는데, 수천 명의 과학자가 참가하는 어마어마한 규모의 행사다. 여기서 선배 과학자들은 종종 신입을 모집하며, 젊은 과학자들도 선임자의 눈길을 끌려고 애쓰고는 한다.

진지한 비판의 대상이라는 사실을 증명해 보이는 쪽이 낫다. 그러나 대중의 비판에 그의 견해를 노출하는 따위의 행위로는, 후원자가 될 가능성이 있는 과학자의 환심을 사기는 불가능할 것이다. 나이 든 과학자는 젊은 과학자에게 다른 무엇보다 정중한 태도를 기대한다. 코베트는 '아첨하는 행위'의 해악에 대해 상당히 단호한 태도를 보였다. "호의나 편애나 우정이나, 또는 소위 이득이라 부르는 것에 의지해 성공하려 들지 말라. 오로지 자신의 가치와 노력에만 의존해야 한다는 점을 마음 깊이 새길지어다."

물론 나이 든 과학자 쪽에서도 반드시 기억해야 할 것이 있다. 나 자신도 종종 잊는 일인데, 젊은 과학자 중에서 가장 영민한 이들조차도 O. T. 에이버리가 폐렴쌍구균의 형질전환이 DNA의 작용으로 조절된다는 사실을 처음 밝혀냈을 때 다들 얼마나 동요했는지는 기억할 수 없다는 것이다. 현재 대학원생의 대부분은 1944년에는 태어나지도 않았으며, 따라서 젊은 이들의 눈에 그런 사건은 과학 역사의 선캄브리아기에 벌어진 것이나 다름없다. 게다가 젊은이들은 데일이 얼마나 대단한 친구였는지, 애스트베리가 얼마나 별난 사람이었는지, J. J. 톰슨이 휘하의 젊은 연구원들을 얼마나 잔혹하게 깎아내렸는지 따위의 이야기는 이미 질리도록 들었을 것이다. 물론 그렇다고 해도 그쪽 방면에 관심을 가지려 애쓰다 보면 결국 나름의 흥미를 찾을 수도, 정신의 고양에 도움이 되는 내용을 배울 수도 있을 것이라고, 체스터필드 경이라면 분명 그렇게 말했을 것이다.

그 동기가 자축일 뿐이라 해도, 우리는 어리석은 늙은이가 이런 식의 말을 꺼내는 것을 자연스럽고 기쁜 일이라고 여긴다. "워더스푼이 올해의 화학상을 탄 모습을 보니 정말로 뿌듯해지는군. 자네도 알겠지만, 그 친구 사실 내 제자거든." 적어도 이제는 알게 된 셈이다. "그 당시에도 새 동전만큼이나 반짝거리던 친구였지." 이런 너그러운 마음가짐은 항상 찾아볼 수 있는 것은 아니다. 잘 알려진 사실대로, 일부 스승이나 상급자들은 복잡한 심리적 이유로 인해 상습적으로 제자를 잡아먹는 행동을 보이기 때문이다.

다른 인생의 여정에서 등장하는 비슷한 관계를 살펴보면, 나는 스승에 대한 친근한 존경심이 젊은이들에게도 도움이 되리라 믿는다. 젊은이가 "워더스푼 그 노친네가 죽어서 애석하기는 하지만요, 아시다시피 딱히 어디에도 도움이 안 되는 사람이었잖습니까"라고 말하는 것만큼 역겨운 일은 없을 것이다. 조금도 애석하지 않은 것이 뻔히 보이는 상황이기도 하고. 체스터필드 경이라면 그런 언사에 표현할 수 없을 정도로 충격을 받았을 것이다. 설령 속마음이 그렇다고 하더라도 절대 입 밖에는 내지 말아야 한다.

과학과 행정

실제 나이보다 어리고 미숙해 보이고 싶은 젊은 과학자들이 있다면, 행정 업무를 모욕하고 폄훼할 기회만은 절대 놓쳐서는 안 된다. 과학계 행정가들의 뛰어난 문제 해결 능력과 지식의 진보를 위해 노력을 아끼지 않는 자세를 깨닫게 되면, 젊은 과학자들의 성장에도 큰 도움이 될 것이다. 젊은 과학자는 어떤 측면에서는 행정업무가 훨씬 힘들 수도 있다는 사실을 잊어서는 안 된다. 자연법칙은 훌륭하게 정립되어 있으므로, 젊은 과학자는 이를테면 열역학 제2 법칙을 벗어나려는 시도는 하지 않아도 된다. 그러나 행정에는 법칙이란 존재하지 않기 때문에, 이를테면 1쿼트의 액체를 파인트 주전자에 전부 담을 수 있는지, 아니면 돌에서 돈을 뽑아낼 수 있는지 따위를 알 방도가 없는 것이다. 행정가들은 지원금을 마련하려고 매일 이런 일을 수행하거나 시도한다. 게다가 이들이 아무리 유능하다고 해도 황무지를 하루아침에 호화로운 장비로 가득한 실험실로 바꿀 수 있는 것도 아니다.

과거 과학 관련직에 종사했던 과학 분야 행정가를 마주하는 젊은 과학자는, 그들이 자신에 공감하며 주의를 기울여야 마땅하다고 생각하는 잘못을 범하면 곤란하다. 한때 과학자였으며 따라서 애원해 본 경험이 있는 사람들이기 때문에 지원금을 마련하려 사용하는 온갖 술수에 능통할 가능성이 크기 때문이다. 특히 그중에서도 지금 하는 연구를 몇 년만 더 연장하면 암의 원인이나 세포분열 과정에 대한 이해를 훌쩍 증진할 수 있다는 식의 논리에는 더욱 면역력이 강하다.

숙련된 과학자가 행정의 길로 접어드는 것은, 보통 그게 자신이 지식의 증진에 기여할 가장 좋은 방법이라고 생각하기 때문이다. 물론 젊은 과학자의 야심 또한 그와 같거나, 적어도 같아야 마땅할 것이다. 이런 결정에는 종종 개인적 희생이 따른다. 자신의 연구를 포기하는 결과로 이어지는 경우도 상당히 많은데, 행정 요직은 상당한 부담을 요구하기 때문에, 신속하고 올바른 대응이 필요한 대부분의 인간 활동에 필요한 강박적인 집중력을 지속할 수 없기 때문이다. 물론 이런 인간 활동에는 행정 그 자체도 포함된다.

발언권이 부족하다고 투덜대는 젊은 과학자들은 정작 발언권을 확보할 수 있는 위원회에 초대받으면 투덜거림의 수위를 높이는 식으로 반응하고는 하는데, 이는 곤란한 행동이다. 위원회 업무는 연구실에서 보내야 마땅한 시간을 앗아가 버리기 마련이며, 자신들을 이리저리 몰아치는 행정가들에 대해 아무리 불만이 심해도 그 사실을 무시할 수는 없다. 과학의 중요성이 날로 커지고 있는 상황에서, 과학 행정직은 이제 병원 행정직만큼이나 중요하고 명확한 업무 한계를 가지는 직업이 되었다. 그리고 의사들은 청진기나 메스를 내려놓고 의료 복지나 의료 장비를 담당할 생각은 아예 하지도 않고, 모든 업무를 행정가들에게 일임한다. 젊은 과학자도 같은 식으로 대응해야 마땅하다. 행정 업무를 그토록 저급하게 여기는 사람이라면, 차라리 자신이 직접 손댈 필요가 없어 운이 좋다고 생각해야 할 것이다.

위원회나 기타 과외 업무를 연구를 미룰 핑계로 삼아서는 안 된다. 과학자의 가장 큰 임무는 연구의 수행이기 때문이다. 내가 아는 훌륭한 과학자 중에는 그런 핑계를 대는 사람은 하나도 없다. 나쁜 과학자만 그런 핑계를 사용한다. 연구에 매진해야 한다는 호소가 워낙 강하기 때문에, 과학자가 지는 행정 업무의 짐은 항상 과대평가되기 마련이다. 유능한 젊은 동료한 명이 유명한 대학 연구실을 떠나 제약회사의 연구실에 자리를 잡은 적이 있다. 그에게 연구 환경의 변화가 마음에 드는지 물었더니, 아주 즐겁다고 대답했다. 대학의 행정 업무가 그를 계속 괴롭혀 왔다는 것이다. 그에게 행정 업무가 배정되었던 줄은 짐작도 못 하고 있었기 때문에, 나는 그에게 어떤 행정 업무를 맡았길래 그렇게 말하느냐고 물었다. 그는 대학원생다운 순교자의 태도로 이렇게 말했다. "그게요, 포도주 위원회에 끌려다녀야 했거든요." 게다가 직위 자체도 그리 나쁘지 않았는데 말이다.

내가 행정 업무를 설명하며 너그럽고 달래는 듯한 어조를 고수하는 것은, 회개한 술꾼이 과거의 동료 술꾼들에게 간증하는 셈이라고 이해해 주길 바란다. 행정가에게 충고하자면, 과학 행정가는 절대 해도우*의 법칙을 간과하면 안 된다. 즉, 돈을 끌어오는 것은 행정가의 일이고, 그걸 사용하는 것은 과학자의 일이라는 것이다.

(스텔라 기번스가 『춥고 편안한 농장Cold Comfort Farm』에서 사용한 유사 로렌스풍 문장을 인용하자면) 많은 이들은 과학자와 행정가 사이에 언제나 깊고 어둡고 쓰디쓴 내적 긴장 관계가 존재한다고 여긴다. 그러나 연륜이 쌓이다 보면, 양자 사이에 친밀한 분위기가 유지되어야 모두가 행복해질 수 있음을 깨닫게 마련이다.

---

* 알렉산더 해도우 경은 수년 동안 영국에서 가장 규모가 큰 암 연구기관인 체스터 비티의 소장으로 근무했다.

숙고에 필요한 시간＿ 내 상급자들이 순교자의 분위기를 풍기며 전혀 필요치 않은 위원회 회의에 출석할 때마다 이렇게 말하던 것이 떠오른다. "요즘은 생각을 가다듬을 시간을 전혀 낼 수가 없어." 나는 이런 불평이 묘하다고 생각했는데, 애초에 생각할 시간을 따로 할당하는 일이 불가능하다고 생각했기 때문이다. 스쿼시를 치거나, 식사를 하거나, 술 마실 시간을 따로 할당하지 않는 것과 마찬가지 아닌가.

그들의 말뜻은 같은 분류군에 속하지만 직접 연관은 없는 과학 논문을 읽거나, 생각을 반추하거나, 자신 또는 타인의 실험 결과를 느긋하게 음미하며 예측하지 못한 오차 요인을 찾아보거나, 새로운 연구 방향을 탐색할 시간이 없다는 뜻이었다. 문제 해결에 깊이 골몰하는 과학자라면 자신의 연구 주제를 숙고할 시간을 따로 할당할 필요는 없다. 그 문제에 대한 사색이야말로 평형 상태, 즉 다른 생각을 하지 않으면 자연적으로 되돌아가는 다이얼의 영점이나 다름없는 것이기 때문이다. 행정 업무가 없는 과학자가 자신의 연구에 깊이 빠져들게 되면, 연구에 대해 숙고할 시간이 아니라 연구를 숙고하지 않을 시간을 찾는 일이 문제가 된다. 그래야 훌륭한 부모, 배우자, 집주인, 시민으로서 신경을 써야 하는 수백 가지의 다른 일을 처리할 수 있기 때문이다.

8. 발표

과학 연구는 그 결과를 알리기 전까지는 끝난 것이 아니다. 과학자들에게 연구 결과의 출판이란 거의 언제나 학술잡지에 수록되는 '논문'의 형식으로 이루어진다. 종종 책의 형태로도 발표하는 인문학자들과는 대조되는 경우라 할 수 있다. 사실 과학자들은 책을 쓰는 경우가 거의 없으므로, 옥스퍼드나 케임브리지에 아직도 존재하는 구식 인문학자들은 과학자들의 생산성에 의문을 품으며, 실험실에 틀어박혀 보내는 기나긴 시간을 취미나 일종의 장난질에 낭비하는 것은 아닌지 의심하기까지 한다.

학계에 논문을 제출하는 것 자체도 발표의 한 형태이기는 하지만, 실제로 문서의 형태로 출간되기 전까지는 끝났다고 할수 없다. 젊은 과학자는 인생의 어느 단계에서든 결국 학계에 논문을 제출하게 되겠지만, 일단 그 전에 학과의 세미나 등을 통해 자신의 동료들에게 확인받는 과정을 거치는 편이 좋다. 이런 세미나는 보통 우호적이고 느긋한 분위기에서 진행되지만, 다음 단계로 넘어가 학계에서 논문을 발표할 때는 조금 더 강연의 형식으로 진행할 필요가 있다. 절대 어떤 경우에도 원고를 그대로 읽는 식으로 발표해서는 안 된다. 서둘러서, 심지어 때로는 높낮이도 없이 단조롭게 논문을 읽는 과학자를 마주한 청중이 얼마나 당황하고 분개하는지는 이루 말하기도 힘들 정도다. 젊은 과학자들은 부디 논문이 아니라 요점 요약을 보면서 발표해 주길 바란다. 그런 준비도 없이 연단에 서는 것은 그저 일종의 과시일 뿐이며, 청중에게는 그가 같은 이야기를 계속 반복해서 말할 것이라는 (어쩌면 사실일지도 모르는) 인상을 심어줄 뿐이다. 요약은 간결해야 하며, 절대로 긴 문장이나 장황한 산문체를 사용해서는 안 된다. 몇 가지 요점만으로 원하는 주제에 도달하기 힘들다면, 적절하게 자극적이고 명확한 어휘를 발견할 때까지 주제를 다시 곱씹어볼 필요가 있다. 물론 그런 과정을 소리 내어 수행할 필요는 없을 것이다. 예전에 내가 난해한 개념을 설명해야 했을 때는, 요약 쪽지에 어휘가 등장할 때마다 "(이건 설명할 것)"이라고 적어놓는 정도로도 상당히 도움이 되었다. 발표자가 자연스러운 단어를 찾도록 강제하는 장치 역할을 했기 때문이다.

정신없이 수많은 단어를 쏟아내고 있으면 발표자 본인은 아주 똑똑해진 기분이 들지도 모르지만, 청중은 그가 지나치게 입담이 좋다고만 생각할 가능성이 크다. 폴로니어스라면 절제한 표현을 사용하고, 어쩌면 살짝 무게를 잡는 것도 나쁘지 않으리라 충고했을 것이다. 지루하게 만들지 않으려고도 노력해야 한다. 짬을 내서 학교에서 아이들을 놓고 강의해 본 적이 있는 과학자라면, 자신이 청중을 사로잡았는지를 어렵지 않게 판별할 수 있었을 것이다. 아이들은 얌전히 있는 법이 없고, 지루해지면 바로 몸을 옴찔거리기 때문이다. 그런 강의를 할 때면 거대한 생쥐 떼를 마주하는 느낌이 들기도 한다. 그러나 심지어 그런 아이들도 흥미가 생기면 얌전히 앉아서 경청하기 마련이다.

발표가 지루해지는 것은 표현이 견디기 힘들 정도로 장황하거나 연구 자체가 따분할 때만이 아니다. 쓸데없이 기술적 문제를 지나치게 파고들 때도 지루해질 수 있다. 때로는 청중에게 세부사항을 세세하게 설명하지 않는 분별력도 필요하다. 만약 그 내용이 꼭 필요한 것이고, 청중 속에도 발표자가 배양액에 들어간 여러 영양 성분을 녹인 순서를 알고 싶은 사람이 있다면, 분명 발표가 끝난 즉시 또는 이후의 개인적인 자리에서 질문이 들어올 것이다.

가능하면 슬라이드보다는 칠판을 사용하는 편이 좋다. 나는 모든 환등기 슬라이드와 공식 연설을 배제한 학회를 아주 성공적으로 이끈 경험이 있다. 물론 정확한 곡선 또는 곡선군의 형태가 중요한 경우에는 이 조언을 적용할 수 없을 것이다. 방사능 수치의 정확한 값이 필요한 경우에도 마찬가지다. 그러나 그렇지 않은 경우도 상당히 많다. 만약 변수들의 관계가 선형, 즉 단순비례를 이룬다면, 그냥 그렇게 말하면 된다. 과학자의 말을 믿지 않는 청중이라면 어차피 슬라이드도 믿지 않을 것이다. 발표자의 주장에 도전하는 사람이 등장하면, 그때 의기양양하게 웃으며 영사기 기사에게 "부디 7번 슬라이드를 보여주시겠습니까?"라고 부탁하면 된다. 이를테면 그 선형 관계가 단순한 우연이 아니라는 사실을 증명하는 슬라이드를 말이다.

발표의 길이에도 주의를 기울여야 한다. 발표자들은 이제 뉴턴의 법칙과 같은 반열에 올라선 원칙 하나를 기억할 필요가 있는데, 사실은 로버트 굿 박사와 내가 같은 상황에서 독립적으로 발견한 것이다. 그 법칙이란 바로 할 말이 있는 사람은 보통 간결하게 말한다는 것이다. 연막을 치는 것처럼 끊임없이 말을 이어가는 발표자는 사실 할 말이 없는 사람이다.

SF 속의 온갖 괴물 중에서도 가장 두려움을 불러일으키는 존재는 보론Boron, 즉 지루한 바보다. 적어도 과학 학회에서는 그렇다. 그리고 평생의 적을 만드는 가장 빠른 방법은 바로 학회에서 다음 발표자의 소중한 시간을 침범하는 것이다. 사실 진행자가 잠들지 않았다면 절대 일어나서는 안 되는 일이기도 하다.

가장 경험 많은 발표자조차도 발표 전에는 긴장하게 마련이다. 그리고 발표를 훌륭하게 마치고 싶어 불안해지는 것이니 옳은 긴장이라 할 수 있다. 발표자가 주머니를 뒤적거려 구겨진 편지봉투를 꺼내고 (예전에 J. B. 홀데인이 이랬다고 들은 적이 있는데) "기차 안에서 여러분께 무슨 이야기를 할지 고민하던 참에…"라고 이야기를 시작해봤자, 청중은 딱히 감명받지 않는다. 청중은 보통 발표자가 발표를 열심히 준비해 왔다는 증거 쪽에 보다 나은 반응을 보인다. 그리고 발표자의 지문이나, 유리에 힘을 가해서 발생하는 균열의 형태를 명확히 보여주는 슬라이드는 사용을 삼가야 한다.

발표 중에 사고가 벌어졌을 때는 무슨 수를 써서라도 자제력을 발휘해야 한다. 어차피 사고란 언젠가는 일어날 수밖에 없다. 그리고 어디까지 발표했는지 잊어버리거나, 슬라이드를 잘못 올리거나, 심지어 연단에서 굴러떨어져도, 청중은 보통 발표자의 무례한 의도가 드러날 때보다는 너그러운 반응을 보인다.

심한 병을 앓아서 시력에 문제가 생기고 한쪽 손을 제대로 쓰지 못하게 된 직후에, 나는 슬프게도 대형 공개 강의에서 강연용 쪽지를 뒤죽박죽으로 만드는 실수를 범했다. 아내가 즉시 나를 도우려 단상으로 올라왔고, 선량한 청중은 내 고통을 함께 겪어 주다가, 내가 아내에게 이렇게 말하는 소리가 마이크를 통해 울리자 기쁨과 안도를 담아 환호성을 보냈다. "당신 말은 잘 알겠소. 그러니까 4쪽 다음에는 5쪽이 온다는 거지."

영국의 전기기술자협회에서는 훌륭한 〈강연자용 지침서〉를 펴내고는 하는데, 그 내용 중에는 강연자가 양발의 간격을 400밀리미터로 유지하면 '떨림을 멎게 할 수 있다'라는 것도 있다. 이 조언이 흥미로운 이유는 전기기술자가 유독 떠는 경향이 심해서가 아니라, 상당히 높은 수준의 정량화를 적용했기 때문이다. 마치 양발을 350밀리미터나 450밀리미터 벌리면 갑작스러운 경련을 유발할 수 있다는 사실이 실험으로 입증된 것 같으니 말이다.

다른 사람의 발표에 참석한 과학자는 응당 자신의 발표에서 다른 이들이 그러하기를 바라는 그대로 행동해야 한다. 하품하는 청중의 모습은 언제나 발표자의 눈에 잡히게 마련이며, 그렇게 거대하게 벌어지는 입이 정신체의 거의 완벽한 사멸의 전조가 된다는 것은 귀납적으로 증명된 자연법칙이다. 발표자의 신경을 분산시킬 다른 모든 일(물론 고의적인 행동일 수도 있지만)도 마찬가지다. 귀에 거슬리게 속닥거리거나, 짐짓 과시하듯 손목시계를 들여다보거나, 잘못된 부분에서 웃음을 터트리거나, 느리고 침중하게 고개를 젓는 행위 등이 여기에 포함된다. 자신이 발표자의 주제 분야에 전문가로 여겨진다면 미리 질문을 골라 놓는 것도 좋을 것이다. 혹시라도 진행자가 당신을 돌아보며 "아무개 박사님, 이제 잠시 질의 시간을 가지겠습니다만, 먼저 논의를 시작해주시는 것은 어떨까요?"라고 청할지도 모르니 말이다. 이렇게 호명된 사람은 "애석하지만 힘들 것 같군요. 아주 푹 자고 일어난 참이거든요"라고 말하면 곤란하다. 그저 단순히 "선생 연구의 다음 단계는 어떻게 진행되리라 예상하십니까?"라고 말하면, 다른 사람들이 알아서 졸았다고 생각해 줄 것이다. 사실 강의실의 환기 상태가 나쁘면 저산소증 때문에 졸음이 유발될 수도 있다. 지루해서가 아닐 수도 있다는 것이다.

자신의 발표 중에 잠드는 사람이 보인다면, 발표자는 마땅히 모르페우스가 강연 시간에 우리에게 보내는 초대장이 다른 어떤 장소의 수면보다도 원기를 북돋워 준다는 사실을 떠올리며 마음을 다스릴 필요가 있다. 생리학적 측면에서 고찰해 보자면, 부족한 수면시간이나 장시간의 수술로 인한 피로가 고작 몇 초씩 조는 것만으로 순식간에 풀린다는 점은 실로 감탄스럽다 해야 할 것이다.

논문 쓰는 법

아무리 강연이나 세미나나 기타 구두 의사소통에 열심히 매진해도, 결국 학술지 논문 게재에는 미치지 못한다. 그러나 과학자들은 논문을 쓸 생각만 하면 절망에 빠져 온갖 종류의 회피 행위를 벌이기 시작한다. 쓸모없고 도움도 안 되는 실험을 수행하고, 필요하지도 제대로 작동하지도 않는 장치를 만들고, 심지어 극단적인 경우에는 위원회에 참여하기까지 한다("내가 가끔씩 보안 위원회에 참석하지 않으면, 다들 내가 도둑이라 생각하게 될 것 아닌가"). 논문 작성을 꺼리는 과학자들은 주로 연구할 시간을 빼앗긴다는 전통적 핑계를 댄다. 그러나 실제 이유는, 논문 작성이, 아니 사실은 어떤 것이든 글짓기 자체가, 심지어 연구실의 운영자금을 얻으려면 꼭 필요한 구걸 편지조차도, 대부분의 과학자에게는 힘겨운 일이기 때문이다. 지금껏 작문의 기술을 학습한 적이 없기 때문이다.

그토록 많은 논문을 참조해 왔으니 논문 작성에도 직관적인 능력이 있어야 마땅할 텐데 말이다. 젊은 교사들이 지금까지 그토록 많은 수업을 들어 왔으니 바로 훌륭한 강의를 할 수 있어야 마땅한 것처럼 말이다.

배신자가 된 기분이 들지만, 나는 다음 명제가 진실이라 단호하게 말할 수 있다. 대부분의 과학자는 글 쓰는 법을 모른다. 문체에는 글 쓰는 사람의 본질이 깃들기 때문에, 과학자의 글은 글쓰기 자체를 혐오하며 다른 무엇보다 얼른 끝내버리기만을 원하는 것처럼 느껴진다. 글쓰기를 배우려면 열심히 글을 읽고, 훌륭한 본보기를 연구하고, 꾸준히 연습할 수밖에 없다. 여기서 연습이란 어린 피아니스트들이 〈명랑한 농부〉를 치는 것처럼 연습하라는 뜻이 아니라, 작문이 필요할 때마다 핑계를 대고 꽁무니를 빼지 말고 당당히 나서서, 표현이 명료해지고 최소한 날것 그대로의 각지지 않은 문체를 확보할 때까지, 필요하다면 계속 글을 쓰라는 것이다. 훌륭한 글은 적어도 독자가 진흙탕 속을 헤집고 다니거나 맨발로 깨진 유리를 밟는 기분이 들게 만들지는 않는다. 게다가 글쓰기란 최대한 자연스러운 행위여야 한다. 그 말은 곧 일요일에만 차려입는 정장처럼 필요할 때만 사용하며 일상 회화와 거리를 두는 것이 아니라, 자신의 학과장이나 다른 상급자에게 연구의 진전을 보고할 때와 비슷한 느낌이어야 한다는 뜻이다.

'금지 사항'을 아무리 쌓아올려도 '바람직한 방법'이 되지는 않겠지만, 그래도 명백하게 피해야 할 일은 존재한다. 그중 하나는 독일에서 미국식 영어로 넘어간 관습인데, 명사를 형용사처럼 한정 용법으로 사용하는 것이다. 이런 이들은 때로는 명사를 줄줄이 늘어놓아서 언제 분해될지 몰라 조마조마한 하나의 거대한 유사명사 괴물로 만들어버리고는 한다. 훌륭한 언어학자지만 상습적 거짓말쟁이인 지인 한 명은, 독일어에는 '일요일 동물원 입장권을 할인된 가격에 파는 매표원의 미망인'을 칭하는 단어가 있다고 말한 적이 있다. 이건 물론 거짓말이지만, 어쨌든 독일어 어휘가 어떤 느낌인지는 그려볼 수 있을 것이다. 그리고 나는 '복합불포화지방산 식물성 기름 기니피그 피부 지연형 과민증 반응 성질'을 비롯한 여러 위압적인 복합명사구를 여럿 마주한 경험이 있다. 이렇게 글을 쓰는 경우의 이점이 하나 있다면, 대부분의 편집자들이 논문 분량을 제한하기 때문에, 단어 열 개가 필요한 작업을 하나로 해치워서 편집자를 한수 앞선 느낌을 만끽할 수 있다는 것이다.

강조하고 싶은 사소한 문법 규칙이 하나 더 있는데(특히 의학자들에게 해당된다), 생쥐, 쥐, 또는 기타 실험용 동물'을' 주사하지 말라는 것이다. 아무리 작더라도 생쥐를 통째로 주사할

만큼 커다란 피하주사용 바늘은 찾기 힘들며, 특히 뭔가를 추가로 섞어 넣을 경우는 더욱 힘들어진다("토끼 혈청 알부민과 프로인트의 보조제를 섞어 생쥐를 주사했다"라는 문장을 보면, "아, 그래서 어디에 주사했다는 건데?"라는 외침이 절로 터져나온다). 생쥐에 주사를 놓거나, 생쥐에 주사하는 것이다. 알아서 알아듣지 않겠냐고? 따로 떨어트려 놓고 보면 그렇지만, 이런 오류가 계속 쌓이면 결국에는 직설적이고 읽기 편한 논문도 볼썽사나운 모습으로 변한다. 그리고 "부신피질 호르몬이 면역계에서 수행하는 역할을 설명하자면…" 따위의 진부한 표현도 피하는 편이 좋다. "면역계에서 부신피질 호르몬의 효과는…" 등으로 간결하게 표현해서 안 될 이유가 있을까? 전치사에도 신경을 쓰는 편이 좋다. 체내 전해질의 조절은 부신에 '의해서'가 아니라 부신을 '통해서' 이루어지는 것이다. 그리고 이런 문법의 실수에 대해서는 '관용을 대하는' 것이 아니라 '관용을 베푸는' 것이다. 물론 베풀지 않을 수도 있지만.

한 가지 염두에 두어야 할 점은, 특정 주제에 대한 좋은 글은 언제나 나쁜 글보다 짧다는 것이다. 때로는 훨씬 외우기 쉽기도 하다. 친애하는 베이컨 경이 야심만만한 정치적 숙적을 어떻게 묘사했는지 살펴보자. "그는 원숭이와 같으니, 높이 오를수록 자신의 엉덩이를 만천하에 드러낸다." 적은 단어로 많은

것을 표현한다는 점에서는, 이에 대적하려면 윈스턴 처칠 정도
는 불러와야 할 것이다.

그렇다면 젊은 과학자에게는 어떤 부류의 본보기가 적합할
까? 수사가 능란한 작가면 누구든 괜찮을 것이며, 특히 독자
입장에서 존경하던 사람이라 어차피 읽고 싶었다면 더욱 좋을
것이다. 소설이나 다른 비설명문도 상당히 도움이 된다. 버나
드 쇼는 문장 하나하나가 훌륭하고, 콩그리브의 일부 작품은
놀라울 정도로 교묘하다. 그러나 나는 특히 자신의 견해를 사
람들에게 이해시키려 단단히 마음먹고 복잡한 주제를 자세히
설명하는 작가들의 글을 권하고 싶다. 모든 철학자가 이 조건
을 만족시키는 것은 아니지만, 철학자는 전반적으로 나쁘지 않
은 선택이 된다. 나는 그중에서도 특히 유니버시티 칼리지 런
던 소속의 철학과 교수들의 글을 권하고 싶다. A. J. 아이어, 스
튜어트 햄프셔, 버나드 윌리엄스, 리처드 월하임 등이 있을 것
이다. 수필이나 평론도 종종 좋은 본보기가 된다. 베이컨의 글
은 하나같이 최상급이며, 버트런드 러셀의 수필 일부도 (예를
들어 『회의적 소론』 등은) 문장력이 훌륭하다. J. B. S. 홀데인의
글도 마찬가지지만 이젠 대부분 절판되었다. 장중함, 위트, 뛰
어난 해석력이 효과적으로 엮인 글이라면 새뮤얼 존슨 박사의
『시인들의 생애』가 최고일 것이다.

이제 전 세계가 영어를 사용하기 때문에(프랑스인들은 동의하지 않는 듯하지만), 요즘은 과학이나 철학의 글쓰기에 고도의 수사법을 사용하면 곤란하다. 그러나 아직 문체와 주제, 또는 매체와 내용물의 갈등이 존재하던 시대의 왕립학회 회원이었던 조지프 글랜빌(1636~80)은 자연철학자에게 경고할 필요가 있다고 생각했다. 『보다 먼 곳으로*Plus Ultra*』에서, 그는 과학자의 글쓰기란 "단호하지만 평범하며… 대리석처럼 세련되고 단단해야 한다"라고 썼다. 즉 "문장의 끝에 라틴어나 관련 없는 인용을 덧붙여 문장을 망쳐서는 안 되며… 난해한 표현을 사용해도 곤란하고… 구어의 함의나 상황을 끌어와도 안 된다."

이런 지침은 오늘날에는 대부분 의미가 퇴색되었다. 에이브러햄 카울리가 왕립학회에 부치는 송가에서 "뇌 속의 풍경화와 가장행렬"을 피하라고 한 충고도 마찬가지다. 긴 곱슬머리는 이내 과거의 물건이 되었으며, 과학혁명의 전조를 알린 급진적 청교도 활동가들의 짧게 깎은 머리가 새로운 유행이 되었다. 예를 들어, 버트런드 러셀이 『회의적 소론』에서 자신의 의도를 설명한 도입 문구를 살펴보자. 이보다 더 명징하고, 정확하고, 간결한 글을 쓰기는 쉽지 않을 것이다. 그리고 그의 글이 구어체와 얼마나 흡사한지도 확인해 보자. 건조하게 갈라지는 볼테르풍의 목소리가 거의 머릿속에 울릴 정도다.

독자에게 도움이 되리라는 생각에서, 나는 여기서 극단적으로 모순되고 불온해 보일 것을 각오하고 한 가지 원칙을 제안하고 싶다. 내가 제안하는 원칙은 다음과 같다. 진실이라 가정할 이유가 조금도 없다면, 그 명제를 신뢰하는 것은 바람직한 행위가 아니라는 것이다. 물론 이런 주장이 흔해지면 우리의 사회 활동과 정치 체제가 완전히 전복되리라는 점은 잘 알고 있다. 양쪽 모두 현재 상태에서 아무런 결점도 찾을 수 없으므로, 분명 반대하는 쪽에 무게가 실릴 것이다. 나는 또한 (더 심각한 문제로서) 이런 행위가 영능력자, 마권업자, 주교, 기타 현세와 내세를 통틀어 행운을 받을 자격조차 없는 사람들의 비이성적인 희망에 의존해 살아가는 직군의 수입에 심각한 악영향을 끼치리라는 사실을 알고 있다. 이런 심각한 반론에도 불구하고, 나는 이 모순의 해결책을 제안할 수 있다고 생각하며, 지금부터 그 내용을 설명할 것이다.

논문을 쓰는 젊은 과학자는 논문의 예상 독자를 미리 정해야 한다. 가장 쉬운 해결책은 전문분야의 동료들만을 독자로 삼는 것이다. 그중에서도 자신의 주제와 유사한 분야의 종사자만으로 제한하면 더욱 쉬워진다. 그러나 이런 식으로 논문을 쓰면 곤란하다. 자신보다 지적인 동료들이 지적 유희를 위해서, 또는 그가 무엇을 하는지를 확인하기 위해서 자기 논문을 뒤적일 수도 있다는 사실을 항상 염두에 둬야 한다. 게다가 젊은 과학자가 심판관과 위원회 앞에서 지금껏 쓴 논문들로 평가를 받는 상황이 결국 언젠가는 찾아오게 마련이다. 그런 이들의 입장에서는, 논문의 주제나 저자가 탐구를 시작한 이유를 판별할 수 없는 상황에 처하면 마땅히 짜증을 낼 권리가 있고, 종종 실제로 짜증을 내기도 한다. 따라서 형식을 갖춘 논문의 첫 문단은 저자가 탐구한 문제를 설명하고 그 해법에 기여하리라 생각한 방법론의 주요 논지를 짚어야 한다.

논문의 초록抄錄을 쓸 때는 막대한 노력을 기울여야 한다. 초록은 학술지에서 분배해 주는 공간의 효율적인 사용에도(상황에 따라 전체 텍스트의 5분의 1에서 6분의 1의 분량이다) 중요하며, 초록의 구성은 저자의 문필 능력에 대한 가장 엄격한 평가이기도 하다. 특히 대부분의 대학에서 학자의 창조적 영감을 저해할까 두려워 '요점 작문'을 강의 계획서에서 배제해 버린 상황이라 더욱 그렇다. 초록 작성은 저자의 이해력과 균형감각을, 즉 진짜 중요한 요소와 빼도 되는 요소를 분별하는 능력을 시험한다. 초록은 자기 완결성을 지녀야 한다. 탐구 대상인 가설을 제창하는 것으로 시작해서 검증으로 끝나는 것도 나쁘지 않다. "이 발견이 브라이트병의 원인에 끼치는 연관성이 논의되어 있다" 따위의 문장은 끔찍하게 하찮아 보인다. 논문에서 논의했다면, 그 논의한 내용 또한 초록에서 요약해 주어야 한다. 그리고 논의하지 않았다면 아예 언급하지 말아야 한다. 젊은 과학자라면 행정 사무의 일환으로 초록 작성에 자원해 보는 것도 나쁘지 않다. 출판부로 넘어가기 전에 숙련된 편집자가 내용을 검토해 보기는 하겠지만, 요약 자체만으로도 훌륭한 작문 연습이 될 수 있기 때문이다.

문헌 목록에 들어갈 참고문헌의 수는 (항상 고유의 양식을 준수하도록 노력하는 것은 물론이고) 분량과 접근성이라는 두 가지 조건을 충족시켜야 한다. 너무 옛날에 발표되어 공간이 부족해진 도서관 사서들이 버려진 광산의 갱도에 보관해 놓았을 학술지를 인용하는 행위는, 과학수완(6장 참조)이 발현하는 조짐일 수도 있다. 선현들에 경의를 바치고 영예를 돌리는 일은 물론 바람직한 행위지만, 너무 위대한 이름이나 너무 친숙한 개념의 경우에는 생략하는 쪽이 인용보다 한 수 앞서는 경의의 표현일 수도 있다. 그러나 이럴 때는 분별력을 발휘해야 한다. 한 사람의 칭찬이 다른 사람에게는 불평의 원인이 될 수도 있기 때문이다.

훌륭한 연구 성과를 담은 논문도 다양한 이유로 편집자에게 거절당할 수 있다. 과학 학술지의 발행인은 기고자의 장광설이 고통스럽다는 인상을 주기를 원하며, 따라서 가장 흔한 거절

사유는 논문이 너무 길어서 분량의 불균형을 초래한다는 것이다. 다른 이유는 본문의 인용구가 참고문헌 목록에 등장하지 않거나, 또는 그 반대의 경우다. 이런 경우에는 거절해 마땅하다고 할 수 있을 것이다. 사실 거절당한 논문은 이유를 불문하고 항상 자존심에 상처를 입히지만, 보통은 심사위원을 붙들고 늘어지는 것보다는 논문에 새 거처를 찾아주는 편이 낫다. 때로는 심사위원이 개인적인 이유로 적개심을 보이면서, 거절에 따라오는 패배감을 유발하며 즐기기도 한다. 이런 경우에 편집자를 설득하려 애써봤자 피곤할 뿐이며, 게다가 결과도 저자에게 피해망상 경향이 있다고 짐작하게 만드는 정도가 고작이다.

논문의 내적 구조에 대해서는, 나는 저자가 골몰하던 문제를 첫 설명문에서 있는 그대로 서술하라고 권하고 싶다. 요즘에는 거의 관습이 되어버린 본문 구성 방식은, 해당 과학 연구가 귀납적 방식에 의해(11장 참조) 수행되었다는 환상을 주려 애쓴다. 이런 관습적인 방식에서는 '실험 방법'이라는 항목에서 저자가 연구에 사용한 기술적 절차나 시약 따위의, 종종 쓸모없는 세세한 정보를 제공한다. 때로는 '과거 연구'라고 이름 붙인 별도의 항목을 덧붙여서, 이제 저자가 자세히 설명할 진실에 도달하기 위해서 다른 이들이 어둠 속을 더듬거렸던 행적을 기록하기도 한다. 이런 관습적인 논문에서 가장 끔찍한 항목은 '결과'인데, 사실 열변을 토하듯 정보를 늘어놓을 뿐, 보통은 특정 관찰이나 실험을 선택한 이유에 대해서는 조금도 언급하지 않기 때문이다. 그 뒤에는 '논의'라는 항목이 따라오는데, 여기서 저자는 진실의 의미를 발견하기 위해 완벽하게 객관적인 관찰로 얻은 모든 정보를 취합하고 분류하는 척하는 가식적인 태도를 보인다. 실로 귀납론의 귀류법이라 불러 마땅한 행위다. 과학적 질문이 사색 또는 논리적 사고에 의한 사실의 취합이며, 그 결과물은 인간 이해의 확장을 불러올 수밖에 없다는 신념을 충직하게 체화한 것이다. '결과'와 '논의'를 분리하는 행위는 마치 신문 지면에서 소식과 편집부 논평을 분리한다는 존중할 만한 편집 정책과 유사하게 보일지도 모르지만, 이런 행위는 그와 같은 선상에서 평가할 수 없다. 과학 논문에서 '논의'라 불리는 추론 과정은 현실 세계의 정보를 획득하는 모든 과정에 필수적이며, 당연히 수행해야만 하는 것이다. '결과'와 '논의'를 분리하는 것은 하나로 이어지는 생각의 흐름을 자의적으로 잘게 쪼개는 행위일 뿐이다. 사건이나 입법 행위의 뉴스와 그에 대한 논평을 분리하는 것과 상황이 완전히 다른 이유는, 뉴스와 논평의 경우에는 서로 독립적으로 내용이 달라질 수 있기 때문이다.

논문 작성을 마친 과학자는 자부심을 가져 마땅하며, 자신의 논문이 '사람들이 자리에서 벌떡 일어나게 만들 것'이라 여겨야 한다. 그런 생각이 전혀 들지 않는다면 틀림없이 둘 중 하나일 것이다. 저자의 영혼이 빈곤하거나, 훌륭한 판단력의 소유자이거나.

내가 국립의학연구소의 소장이었을 때, 젊은 동료 한 명이 〈네이처〉지에 보내는 짤막한 서신을 작성한 적이 있다(〈네이처〉지는 중요한 과학계 소식을 전하는 전통적인 매체다). 그는 자기 논문이 온 세상이 고대하는 너무나도 중요한 내용이라 도저히 우편 시스템에 맡길 수 없으며, 반드시 직접 전달해야만 한다고 편지에 적었다. 그는 소망을 실현했다. 그러나 운 나쁘게도 그 논문은 분실되었으며, 그는 결국 재투고를 할 수밖에 없었다. 그리고 새로 쓴 논문은 우편으로 전달되었다. 우리는 첫 원고가 문 아래 틈으로 슬쩍 들어갔다가 결국 문 앞의 깔개 아래에서 영영 썩게 되었으리라 생각했다. 이 이야기에서 우리는 언제나 공인된 통신수단을 사용해야 한다는 교훈을 얻을 수 있다.

9. 실험과
발견

베이컨 이래 지금까지 실험이란 근본적으로, 그리고 필연적으로 과학의 일부였다. 따라서 실험이라는 방법을 사용하지 않는 탐구 활동은 종종 과학으로 분류될 권리마저 박탈당하고는 한다.

실험에는 네 가지 종류가 있다.* 베이컨의 사용한 최초의 정의에 따르면, 실험은 자연적 경험이나 사건과는 달리 미리 계획된 것이어야 한다. 즉 '뭔가를 시험해 보는 과정' 또는 단순

---

* 이 장에서는 내가 『귀납과 직관』(필라델피아: 미국 철학 학회, 1969)에서 제안한 분류법을 보다 충실히 설명해 보기로 하겠다.

히 난장판을 만드는 행위의 직접적인 결과물이다.

베이컨이 이런 부류의 실험을 그토록 중요하게 여긴 이유는 나중에 설명하겠지만, 일단 힐레어 벨록이 다음 글을 쓸 때 염두에 둔 것이 분명한 "이렇게 하면 무슨 일이 벌어질까나…"의 해답을 얻기 위한 실험은 분명 베이컨식 실험이라 불러야 할 것이다.

보편적인 정신과 육체의 건강을 갖춘 사람이라면 누구나 과학 연구를 할 수 있다… 끈기 있는 실험을 통해 이런저런 상황에서 이런저런 물질을 이런저런 비율로 다른 물질과 섞으면 무슨 일이 벌어지는지 확인하려는 시도는 누구나 할 수 있는 일이다. 실험의 방식을 바꾸는 것 또한 누구나 할 수 있는 일이다. 이런 식으로 새로운 쓸모 있는 사실을 알아낸 사람은 명성을 얻을 수 있다… 이런 명성은 행운과 근면함의 결과일 뿐, 특수한 재능의 산물은 아닐 것이다.*

---

* 이 글은 과학계의 여러 인용문을 모아놓은 사랑스러운 책인, 앨런 L. 매케이의 『조용한 눈의 수확』(브리스톨: 물리학 협회, 1977)에서 인용했다.

베이컨식 실험__ 과학의 여명기에는,[*] 진실이란 주변 사방에 널려 있다고들 생각하고는 했다. 마치 잘 여문 곡식처럼 그대로 추수해서 거둬들이기만 하면 된다고 여긴 것이다. 우리가 눈을 크게 뜨고, 과거 인류가 타락 이전의 아르카디아에 살던 시절에 가지고 있었던 순수한 지각력으로, 즉 우리의 감각이 편견과 원죄로 흐려지기 전의 지각력으로 자연을 관찰하면, 진실된 세계가 우리 앞에 모습을 드러내는 것이다. 따라서 우리는 편견과 선입견의 장막과 결별하고 사물을 있는 그대로 관찰해야 진실을 볼 수 있다. 그러나 슬프게도, 평생 자연을 관찰해도 진실을 드러내는 사건의 합과 마주치리라고는 전혀 보장할 수 없다. 우리 앞에서 일어나기만 하면 참으로 많은 진실을 발견할 수 있을 텐데 말이다. 베이컨은 진실 파악에 필요한 모든 사실 정보를 손에 넣으려면, 행운, 즉 '특정 사건이 태평스럽게 다가와 주는 일'에 의존해 봤자 아무 쓸모도 없다고 설명한다. 따라서 우리는 사건을 고안해서 경험을 끌어내야 하는 것이다. 존 디의 말을 빌리자면, 자연철학자는 경험을 과장해 활용하는 일의 '대가'가 되어야 한다. 호박을 문질러 전하를

---

[*] K. R. 포퍼, 「지식과 무지의 근원에 대하여」, 『추측과 논박』(뉴욕: 베이직 북스, 1972)에 수록.

띠게 하거나 자철석에서 쇠못으로 자기적 특성을 옮기는 일은 베이컨이 설파한 실험의 좋은 예시다. 양조주를 한 번 증류하면 무슨 일이 발생하는지는 알고 있지만, 증류를 거친 액체를 다시 증류하면 무슨 일이 벌어질까? 우리는 이런 부류의 실험을 통해서만 장대한 사실 정보의 탑을 쌓을 수 있으며, 귀납론의 잘못된 규범에 따르자면 (11장 〈과학적 방법〉 참조) 오직 이를 통해서만 자연계에 대한 이해가 성장할 수 있다.

어쩌면 상류층이 과학자를 깔보게 된 이유도 이런 부류의 실험을 끈질기게 계속했기 때문일지도 모른다. 종종 고약한 처리 과정과 끔찍한 냄새를 동반하기 때문이다.

아리스토텔레스식 실험__ 두 번째 부류의 실험에 대한 설명은 조지프 글랜빌의 인도를 따라 보기로 하겠다. 이런 부류의 실험 또한 고안에 따른다. 다만 이런 실험의 목적은 미리 생각한 발상의 진실을 확인하거나, 계산해서 꾸민 교육적 계획을 수행하는 것이다. 개구리의 좌골신경에 전극을 가져다 대니, 보라, 다리가 허공에 발길질하지 않는가. 개에게 밥을 주기 전에 항상 종을 울렸더니, 보라, 종을 울리는 것만으로도 침을 흘리게 되지 않는가. 조지프 글랜빌은 당대의 왕립학회 회원들과 마찬가지로 아리스토텔레스를 끔찍이 경멸했다. 그의 가르침을 학문의 발전을 저해하는 주요한 장애물로 여겼기 때문이다. 『보다 먼 곳으로』에서, 그는 이런 부류의 실험을 다음과 같이 공격했다. "아리스토텔레스는… 자신의 가설을 세우기 위해 실험을 수행하고 이용한 것이 아니다. 그는 임의로 가설을 세운 다음, 실험이 그 가설에 굴복하도록 만들었고, 여기서 자신의 위태로운 제안과 일치하는 결과물을 끌어냈다."

갈릴레오식 실험__ 오늘날 거의 모든 과학자가 생각하는 '실험'은 베이컨식이나 아리스토텔레스식이 아니라 갈릴레오식 실험일 것이다.

갈릴레오식 실험은 비판적 실험이다. 즉 여러 가능성의 차이를 확인하여, 우리가 취하는 관점에 신뢰도를 부여하거나, 수정할 필요가 있다고 여기도록 만들기 위한 실험이다.

갈릴레오는 피사에서 태어났으니 그의 가장 잘 알려진 비판적 실험이 피사의 사탑에서 무게가 서로 다른 금속구 두 개를 떨어트리는 것이었다는 점은 어찌 보면 당연할 것이다. 그러나 사실 그는 인명을 위협하지 않는 다른 방식으로 실험을 수행했다.

갈릴레오는 이런 부류의 실험을 시련il cimento이라 생각했다. 우리의 가설이나 그런 가설에 따르는 함의를 비판에 노출하는 행위이기 때문이다.

아래 설명할 증거의 비대칭 때문에, 실험은 종종 특정 가설을 '증명'한다는 희망찬 방식이 아니라, 도리어 '귀무가설null hypothesis'을 기각하는 방식으로 설계되고는 한다. 카를 포퍼가 지적했듯이, 대부분의 보편적 법칙은 특정 현상 또는 사건의 존재를 금지하거나 배제하는 것으로 해석할 수 있다. 예를 들어, 모든 생명체는 다른 생명체의 자손이라는 '생물 발생의 법칙'은 자연 발생의 가능성을 배제하는 것이라 생각할 수 있다. 그리고 자연 발생설은 박테리아 부패에 대한 루이 파스퇴르의 명민한 실험 덕분에 극도로 의심스러워졌다. 마찬가지로, 열역학 제2법칙도 요즘처럼 관대한 시대에조차 일어날 수 없는 온갖 다양한 현상의 발현을 금지한다. 제2법칙이 강제하는 모든 제약은, 가능성이 큰 상태에서 작은 상태로 가는 일이 극도로 드물다는 뜻을 가지는 다양한 용례로서 해석할 수 있다. 애석하게도 이렇게 금지되는 것 중에는 나름 말이 되는 것처럼 보이며 떼돈을 벌 수 있을 듯한 사업 수단이 잔뜩 들어간다. 자가발전 기계나 영구기관이나 20갤런의 미지근한 욕조물로 주전자의 커피 물을 데울 수 있다는 주장 등이 여기 포함될 것이다.

대부분의 가설은 부정 형태로 전환할 수 있으므로, 수많은 실험이 귀무가설, 즉 검토 중인 가설의 유효성을 부인하는 가설의 기각을 목적으로 삼는다. 여러 통계적 검증에서도 같은 원칙이 적용되는데, 여기서는 R. A. 피셔의 예시로 설명해 보도록 하겠다. 홍차에 우유를 먼저 따랐는지 나중에 따랐는지를 확실히 구별할 수 있다고 장담하는 사람이 있었다. 그녀를 검증에 노출한다면, 그런 채점표가 우연히 나올 수도 있다는 가설이 귀무가설이 될 것이다.

이런 다양한 고려 사항은 하나씩 논리적으로 늘어놓을 수도 있지만, 대부분의 과학자들은 실제 실험을 수행할 때 거의 본능을 따르는 것처럼 빠르고 자연스럽게 귀무가설을 만들어 낸다. 실제로 일련의 실험이 검증하려는 가설을 '증명'한다고 말하는 경우는 거의 없는데, 오랜 경험으로 인간의 오류 가능성을 잘 알고 있는 과학자들은 실험을 통한 발견이나 분석이 실험으로 검증하려는 가설과 '모순되지 않는다'(또는 '모순된다')고 말하는 쪽을 선호하기 때문이다.

그 어떤 실험도 결과물의 형태를 명확히 예상할 수 없는 상태로 수행해서는 안 된다. 특정 가설이 가능한 결과의 수, 또는 이 우주에서 가능한 합의 경우의 수에 제한을 걸지조차 않는다면, 아예 실험으로 정보를 얻어낼 수조차 없을 것이기 때문이다. 만약 검증하는 가설이 온전히 방임적인, 즉 무슨 일이든 일어날 수 있다는 가설이라면, 우리는 그 가설에서 어떤 지식도 얻을 수 없다. 온전히 방임적인 가설은 아무 의미도 없는 것이다.

실험의 '결과'란 관찰 가능한 요인의 총합이 되어서는 안 된다. 항상 최소한 두 가지의 관찰 가능한 요인에 차등을 두어 결과를 얻어내야 한다. 요인이 한 가지뿐인 단순한 실험이라면, 이런 두 종류의 관찰 가능한 요인은 각각 '실험'과 '통제'라 불린다. 전자는 검증하려는 변인變因이 존재하거나 그 효과를 발휘하도록 허용해야 한다. 반면 후자는 변하면 안 된다. 이렇게 하면 실험의 '결과'는 실험과 통제의 계측값이나 통계의 차이로서 표현할 수 있다. 통제 없이 수행하는 실험은 갈릴레오식 실험은 아니지만, 어쩌면 베이컨식 실험의 조건은 맞출 수 있을지도 모른다. 즉 많은 정보를 얻지는 못해도, 계획적으로 자연을 발현시킨 결과물일 수는 있다는 것이다. 비판적 실험을 수행할 때 염두에 두어야 하는 가장 중요한 덕목은 명징한 설계와 엄밀한 수행이다.

나 자신도 종종 저지르는 상당히 흔한 실수가 하나 있는데, 바로 자신의 가설과 지나치게 사랑에 빠져서 부정하는 결과를 받아들이지 않는 것이다. 친애하는 가설과 사랑에 빠지면 소중한 시간을 몇 년이나 허비할 수도 있다. 결정적인 긍정의 답변이 나오지 않는 경우는 상당히 많지만, 결정적인 부정의 답변은 제법 자주 등장하게 마련이라는 점을 잊지 말자.

칸트식 실험__ 실험에는 베이컨식, 아리스토텔레스식, 갈릴레오식 실험만 있는 것이 아니다. 사고 실험이라는 것도 있다. 나는 그런 실험을 철학의 역사에서 개념의 활용에 놀라울 정도의 업적을 남긴 위대한 철학자의 이름을 담아 칸트식 실험이라 부른다. 칸트는 우리 감각 직관이 (우리가 감지하는 존재인) '사물'에 의해 규정된다는 일반적인 의견을 받아들이는 대신, 감각 직관의 능력이 가지는 성질에 의해 경험의 세계가 규정된다는 관점을 받아들여야 한다고 생각했다. "이런 실험은 기대한 만큼의 성공을 거둔다." 칸트는 흐뭇하게 이렇게 말하며, 여기서 그의 유명한 견해인 '선험적 지식(모든 경험과 독립적인 지식)'이 존재할 수 있다는 결론을 이끌어낸다. 그는 공간과 시간 양쪽 모두 감각 직관의 한 형태이며, 그런 것들만이 '보이는 대로 존재하는 사물의 조건'이 될 수 있다고 말했다. 그의 견해를 단순한 형이상학적 상상으로 치부하기에 앞서, 과학자들은 먼저 감각기관의 생리학이 갈수록 칸트적 경향을 보인다는 점을 염두에 둘 필요가 있다.* 다른 유명한 칸트식 실험으로는 유클리드의 평행선의 공리를 다른 동급의 명제로 치환하여 고전 비유클리드적 기하학(쌍곡선이나 타원기하학)을 유도

---

* P. B. 메더워와 J. S. 메더워, 『생명과학』 (뉴욕: 하퍼&로, 1977), p. 147.

해낸 실험이 있다. 인구 통계와 경제학의 추정 또한 칸트식 실험의 다른 예라고 할 수 있다. "여기서 우리가 조금 다른 관점을 취하면 어떤 결과가 나올지 확인해 볼까요…"

칸트식 실험에는 가끔 컴퓨터가 필요하다는 점을 제외하면 다른 장비는 전혀 필요치 않다. 자연과학의 실험 형식은 베이컨식이나 갈릴레오식의 특성을 가진다. 실제로 모든 자연과학이 여기에 기반을 둔다고도 할 수 있을 것이다. 역사, 행동, 그리고 관찰에 중점을 두는 과학의 경우에는, 탐구 행위는 보통 주장을 공식으로 정립하면서 끝나게 된다. 그리고 그 함의는 사회학의 현장 조사, 탄소 연대 측정, 주제에 관한 사실의 확인, 역사적 문서의 열람, 또는 망원경을 미리 지정된 하늘의 구역으로 옮기는 등으로 확인된다. 이런 모든 행위는 본질적으로 갈릴레오식이다. 즉, 착상을 비판적으로 평가하는 것이다.

갈릴레오식 실험에는 쓸데없이 오류에 집착한다는 철학적 수치를 방지해 준다는 효과가 있다(개정 작업이 꾸준히 필요하다는 점에 대해서는 11장에서 자세히 설명했다). 경험 많은 과학자라면 훌륭한 실험이 어떤 것인지를 마음속에 그릴 수 있다. 단순히 기발하거나 기술적으로 훌륭히 수행했다는 정도로는 부족하다. 훌륭한 실험이란 그 예리함으로 가설을 명확히 검증해 주는 것이어야 한다. 따라서 실험의 가치란 그 설계와 실험에

깃든 비판 정신에 비례한다고도 할 수 있다.

실험에는 화려하고 비싼 실험도구가 필요할 때도 있다. 자기 몫을 하는 과학자라면 끈과 밀랍과 통조림 깡통 몇 개만으로 실험을 꾸릴 수 있다는 낭만적인 상상은 절대 금물이다. 통조림 깡통과 끈만으로 침강계수를 측정할 수 있으리라고는 도저히 상상조차 할 수가 없다. 물론 깡통을 머리 위에서 1초에 1천 번 이상 돌릴 수 있는 사람이 등장한다면 이야기가 다르겠지만 말이다.* 반면 과학자들은 필요하다고 생각하는 장비의 가격과 복잡도를 고려해서 신중함을 발휘할 필요가 있다. 값비싼 설비와 동료들의 밤낮을 가리지 않는 봉사를 요구하기 전에, 우선 자신의 실험이 수행할 가치가 있는지부터 검토해야 한다. 종종 하는 말대로, "수행할 가치가 없는 실험은, 훌륭히 수행할 가치조차 없기 마련이다."

발견

지금까지 살펴본 대로 실험에는 다양한 종류가 있다. 발견도 마찬가지다. 어떤 발견은 단순히 자연의 모습이 어떤지를 인식하거나 파악하는 것에 지나지 않는 것처럼 보인다. 겸허하

---

* 현대적인 초원심분리기는 최고 속도에서 1분에 6만 번 회전한다.

게 일어나는 일을 적는 것만으로, 이미 존재하는 교훈을 습득하는 것처럼 보인다. 이런 발견은 마치 언제나 존재했던 것을 '노출'시키는 행위 이상이 아니라는 분위기를 풍긴다. 나 자신은 이런 식으로 발견이 이루어질 수 있다는 생각이 잘못이라 믿는다. 나는 파스퇴르와 퐁트넬이라면(11장 참조) 먼저 정신을 적절한 파장으로 조율해야 한다는 내 의견에 동의했으리라 생각한다. 다른 말로 하자면, 세계의 성질에 대한 창의적인 예측 또는 기대가 미리 존재해야 하며, 단순히 감각으로 얻은 증거를 수동적으로 취합하는 것으로는 불가능하다는 것이다. 물론 가설 형성에는 정보 수집이 필요하다. 다윈의 편지들을 보면 자신이 '진정한 베이컨주의자'라고 믿은 것은 단순히 자기기만이라는 사실을 확인할 수 있다.

화석의 발견처럼 얼핏 보기에 단순해 보이는 발견조차도 종종 눈에 보이지 않는 가설 형성의 결과물이다. 그렇지 않다면 화석을 두세 번씩 살펴보는 사람들이나, 나중에 더 자세히 연구하려고 가지고 돌아가는 사람들이 왜 등장하겠는가? 그러나 다른 훌륭한 발견, 이를테면 '살아 있는 화석' 어류인 실러캔스 라티메리아 같은 것들은 이런 가설에 어떻게 끼워 넣어야 할까? 이 발견이 놀라운 이유는 다음과 같다. 폐어 등의 대부분의 동물 화석은 현생의 후손을 발견하고 동정同定한 후에 등장했다. 라티메리아의 경우처럼 화석이 먼저 발견되고 현생의 근연종이 나중에 발견되는 경우는 상당히 이례적이다. 바로 그 때문에 이 발견이 독보적인 것이며, 어떤 면에서는 아주 오랜 과거의 세계를 들여다보는 무시무시한 직관을 제공해 준다고 여겨지는 것이다.

내적 정신 활동으로서는 같은 부류라고 생각하지만, 나는 종합적 발견과 분석적 발견을 구분하는 편이 유용하리라 믿는다. 지금까지 인지하거나 알려지지 않았던 특정 사건, 현상, 과정, 또는 상태를 처음 인식하는 행위는 언제나 종합적 발견이다. 학계를 뒤흔들고 깊은 영향을 끼치는 과학적 발견은 주로 이쪽에서 온다. 바로 그때 그 순간에 발견될 필요가 없었다는 점이 종합적 발견의 특성이다. 심지어 아예 발견되지 않았을 가능성도 충분하다. 바로 그 때문에 우리는 그런 발견에 항상 경탄하게 된다.

내가 가장 좋아하는 종합적 발견의 실례는, 현대의 분자유전학을 탄생시킨 프레드 그리피스가 발견한 폐렴쌍구균 변형 현상이다.* 그리피스의 실험에서는 죽은 폐렴쌍구균이 자신의 성질 일부를 살아 있는 폐렴쌍구균에게 전달할 수 있음이 확인되었다. 온전한 쌍구균이 없는데도 추출물을 주입하는 것만으로 같은 효과를 보인 것이다. 다른 화학물질이 이런 변형에 영향을 끼친 것이 분명했다. 에이버리와 매클러드와 매카티가 이 물질이 디옥시리보핵산(DNA)이라는 사실을 발견한 것은 현대 과학의 가장 위대한 일화 중 하나다. 이들의 발견은 분명 '분석적 발견'의 특성을 가지지만, 그렇게 서술해도 그 중요성은 조금도 줄어들지 않는다. 그들의 발견은 직관과 실험 기술이 거둔 위대한 승리였기 때문이다.

분석적 발견의 특성은 DNA 구조의 발견으로 이어진 일련의 사고 흐름을 통해서도 확인할 수 있다. W. T. 애스트베리가 최초로 DNA의 X선 결정 구조 촬영 결과를 발표한 이래, 결과가 불완전하기는 해도 DNA가 결정 구조체이며, 아마도 반복 또는 중합체 구조를 가지리라는 점을 다들 보편적으로 인식하기 시작했다. 이런 구조체의 발견은 11장에서 설명하는 지적 과정의 결과물이다. 즉 추측과 논박으로 이루어진 절제된 대화를 통해 도달했다는 뜻이다. 그러나 당연하게도 종합적 발견과 분석적 발견은 명확하게 구분되는 것이 아니다. DNA 구조의 발견에는 분석적 요소와 종합적 요소가 모두 존재한다. 후자

---

* 폐렴쌍구균 변형이란 특정 부류의 탄수화물 캡슐을 지닌 살아 있는 폐렴쌍구균을 다른 부류의 캡슐을 지닌 죽은 폐렴쌍구균과 섞을 때 일어날 수 있는 종 변이 현상이다. 때로는 죽은 균의 특성 일부를 살아 있는 균이 받아들이기 때문에 일어난다. 메더워와 메더워 공저, 『생명과학』 p. 88 참조.

의 요소는 DNA가 유전 정보를 기록하고 전달하기에 적합한 구조를 가졌다는 점에 있다. 어쩌면 이야말로 더 뛰어난 발견이었을지도 모른다. 여기서 '더 뛰어난' 발견이란, 과학자들이 지금까지 존재하지 않던 새로운 세계의 문을 열어주는 종합적 발견 쪽을 더 선호한다고 여기는, 상당히 널리 퍼진 견해의 입장에서 말한 것이다.

그러나 발견을 지나치게 높이 평가하면 곤란할지도 모른다. 현대 생물학의 가장 큰 진보는 특정 생물학적 '체계'에 대한 집중적이고 끊임없는 연구를 통해 얻어졌다. 폐렴쌍구균의 변형과 대장균의 단백질 합성이 바로 그것인데, 이들의 이야기에서 우리는 핵산의 구조가 단백질의 구조로 전사되는 단계에 대해 알게 되었다. 따라서 이제부터는 '조직 적합' 항원에 대한 세포 표면 구조를 상세히 연구할 차례다. 여기서는 개별 발견보다 심층적인 분석이 중요하며, 그를 통해 머지않아 특이성의 분자생물학적 기반을 찾아내고, 발생 과정에서 특정 세포가 특정 위치로 이동하고 특정 세포들끼리만 군체를 이루는 이유를 설명할 때도 도움을 줄 것이다. 이런 분자생물학 분야의 심층적 분석은 효소의 합성이나 효소 연쇄증폭을 일으키는 분자생물학적 조건을 특정하게 해줄 것이며, 어쩌면 그런 효소 중에서 지구 표면을 뒤덮는 폐기물의 상당량을 차지하는 폴리에틸

렌을 분해할 수 있는 물질이 있을지도 모른다.

이런 점을 고려하면, 자연의 원리나 현상이나 질병의 발견자로서 이름을 올리지 못한 젊은 과학자는 조금도 낙심할 필요가 없다. 다만 발견의 중요성이 과대평가된 것이라 해도, 단순히 정보의 취합만으로 명성이나 높은 직위를 얻을 수 있으리라 기대해서는 곤란하다. 특히 그 정보를 아무도 원치 않을 때는 더욱 그렇다. 그러나 이론이든 실험이든, 무슨 수단을 사용했든 이 세계를 보다 이해하기 쉬운 곳으로 만드는 데 일조했다면, 동료 과학자들의 감사와 존경은 마땅히 따라올 것이다.

10. 수상과
보수

운동선수나 작가처럼, 과학자 또한 온갖 종류의 상과 기타 보수를 노리며 꾸준히 경쟁에 나선다.

내가 아는 과학자 중에는 그런 식의 영예 자체를 용납할 수 없다고 기회가 생길 때마다 강조하는 사람이 하나 있었다. 그런 행위 자체가 엘리트주의, 즉 특정한 인간이 다른 인간보다 특정 업무에서 우월하다는 사회계급 구분의 발로라는 것이었다. 그러나 정작 자신이 왕립학회의 회원으로 추천받을 기회가 왔을 때는 거절하지 않았다. 위대한 수학자인 G. H. 하디는 무게를 잡고 싶을 때마다 왕립학회를 '비교적 변변찮은 수준의 영예'라고 부르고는 했지만, 사실 과학계라는 전장에서는 많은 사람이 그곳의 회원이 될 기회를 선망하고 찾아 헤맨다. 일반 회원이 되려면 영국 시민이어야 하지만, 명예 회원직은 더 넓은 범주의 사람들에게 열려 있다.

왕립학회 회원으로 선출된 사람은 과학사 속 위인들의 서명 사이에 자신의 서명을 덧붙이게 된다. 신입 회원이라면 분명 아이작 뉴턴, 로버트 보일, 크리스토퍼 렌, 마이클 패러데이, 험프리 데이비, 제임스 클러크 맥스웰, 벤저민 프랭클린, 조사이어 윌러드 깁스와 같은 단체에 소속되었다는 사실에 의기양양해질 것이다.

왕립학회의 역사는 현대 세계의 문을 연 위대한 인간 정신의 혁명*이 일어난 시절까지 거슬러 올라간다. 노벨상과는 크게 다르다고 할 수 있는데, 사실 여기에는 단순하고 합리적인 이유가 있다. 가장 위대한 과학자들은 대부분 알프레드 노벨이 다가알코올 속의 질산에스테르(특히 니트로글리세린)를 안정시키는 방법을 알아내고 여기서 벌어들인 돈으로 상을 제정하기

---

* 찰스 웹스터의 『위대한 부흥: 1626년에서 1660년까지의 과학, 의학, 개혁』 참조 (런던: 버터워스, 1976).

이전에 살았던 사람이기 때문이다.* 노벨상이 누리는 대중적 명성에는 여러 요인이 있다. 노벨상의 제정 과정에서 보이는 참회의 모습이 대중에게 주는 만족감, 장엄한 시상식, 사람들 사이를 오가는 엄청난 액수의 상금, 그리고 노벨상이 내포하는 진정한 영예 등이 있을 것이다. 그러나 여기에는 문제점이 하나 있는데, 나는 이야말로 이런 모든 영예를 반대할 유일하게 타당한 근거가 될 수 있다고 생각한다. 그 문제란 모든 선출 제도에는 실수의 가능성이 있으며, 과학자 자신이 진정으로 가치 있다는 영예를 받는 데 실패한다면, 단순히 감정적 불행뿐 아니라 사람들(예를 들어, 고위 행정가 등)의 평가에 매달려 생계나 연구 지원금을 꾸려나가는 사람들에게 실질적 상처도 입힐 수 있다는 것이다. 과학자를 평가하는 이들은, 자격 요건이 충분함에도 런던 왕립학회나 기타 비슷한 단체의 회원이 아닌 과학자가 수도 없이 많다는 사실을 인지하지 못한다. 비슷한 현상은 노벨상에도 적용되지만, 이 경우에는 노벨상 수상자가 아니라도 그에 준하는 업적을 쌓은 사람이라면 연구 자금 때문

---

* 따라서 (아이작 뉴턴을 위시한) 시대를 막론한 위대한 과학자들로 팀을 짜서 화성인이나 외계인을 맞상대하게 한다면, 노벨상 수상자는 지극히 일부에 지나지 않을 것이다.

에 곤란을 겪을 일은 별로 없을 테니, 동정할 필요까지는 없을 것이다.

보통 사람들은 젊은이가 너무 빨리 성공하는 일이 '해롭다' 고 여긴다. 상을 너무 많이 받고 학문적 업적이 너무 쌓이는 것 도 좋지 못한 일이라는 이야기를 종종 듣는다. "애석하게도 저 는 학창 시절에는 별로 머리가 좋은 편이 아니었지요." 상을 나눠주는 거만한 얼간이는 이런 선언을 하면서, 정작 자신은 훨씬 찬양해 마땅한 다른 온갖 능력 덕분에 조금도 어려움을 겪지 않았다는 암시를 준다.

이른 성공과 훗날의 실패 사이에 존재한다고 알려진 상관 관계는, 내 생각에는 다른 몇몇 상황과 마찬가지로 선택적 기 억의 산물인 듯하다. 우리는 스러진 수많은 사람 중에서 오로 지 금빛으로 반짝이던 남녀만을 기억한다. 그들이 성공한다면, 뭐, 예측한 대로일 뿐이다. 따라서 우리의 기억에는 결국 실패 한 이들만 남는다.

지금까지 수상과 보수의 어두운 측면만 강조하기는 했지만, 찬란한 광채 또한 존재한다. 수상의 선출과 후보 지명은 과학 자들이 가장 얻기를 원하는 영예, 즉 학계 동료들의 호평에 따 라 이루어진다. 훌륭한 과학자에게 이런 수상은 엄청난 사기 진작 효과를 일으킨다. 여기서 얻은 자신감과 다른 이들의 존경은 연구의 동기로 작용하며, 어쩌면 예전보다 더 나은 성과를 거두게 해줄 수도 있다. 수상자가 다른 사람들에게 단순한 요행이 아니었음을 증명하려 더욱 노력할 가능성도 상당히 크다.

이런 관점에서는 모든 상이 전적으로 과학자에게 이로운 것처럼 보이지만, 애석하게도 정반대의 효과를 보일 때도 있다. 옥스퍼드 시절 동료 대학원생과 충격적인 대화를 나누었던 기억이 난다. 어떤 교수가 "나는 왕립학회에 들어가기만 하면, 당장 모든 연구를 그만두겠네"라고 공언했기 때문이었다. 그는 결국 비열한 야망을 이룰 기회를 얻지 못했으니, 마땅한 정의가 구현되었다 할 수 있을 것이다.

물론 이런 영예를 얻은 사람은 종종 돌변하기 마련이며, 노벨상 수상자 중에서는 연구를 그만두고 전 세계를 순회하며 과학, 인류, 가치, 인간의 노력(그 외에도 기타 다양한 추상명사의 조합이 가능할 것이다)을 증진하는 회담에 참석하거나 연설에 참여하는 사람들도 있다. 이런 수상자의 허영심은 회담에 참석해서 서명해 달라는 청원을 받을 때마다 끊임없이 부풀어오르며, 종국에는 "전 세계의 국가들은 우호와 친선 속에 함께 어울려 살아가며 정치적 분쟁을 해결하는 수단으로 전쟁을 사용하는 일을 지양해야 한다" 따위의 선언문을 용인하는 데까지 이르기도 한다.

서로 상치되는 의견을 가진 수많은 사람들이, 50명의 노벨상 수상자들의 서명이 진실성을 담보해 주기만을 기다리며 판단을 미루는 일이 과연 가능할까? 물론 이는 인간 희극의 한 장면일 뿐이지만, 수상자에게 보내는 과도한 존경심은 때로는 유용한 결과로 이어지기도 한다. 특히 국제 앰네스티에서 주로 담당하는, 폭정에 고통받는 양심수들의 석방을 돕는 일이 그렇다.

과학계의 영예를 시험을 준비하듯 노력으로 얻어낼 수 없다는 점은 다행스러운 일이다. 젊은 과학자는 그저 자신의 연구 업적이 입후보가 가능할 정도로 뛰어나기만을 고대할 수 있을 뿐이다.

이런 야심은 전혀 천박하다고 할 수 없다. 그리고 젊은 과학자들이 그런 야심을 품는 것이야말로, 종종 상의 제정자나 후원자들이 기대하는 주된 효과이기도 하다.

11. 과학적
방법

나는 이해하고 싶다Je cherche à comprendre.

-자크 모노

　발견을 하거나, '법칙'을 제안하거나, 기타 방법으로 인간의 지식을 확장하고 싶은 과학자는 어떤 수단을 사용할까? 보통은 '관찰과 실험'이라는 답이 돌아올 것이다. 이는 물론 잘못된 것은 아니지만, 세부적인 해석에서는 신중해야 한다. 관찰이란 감각기관이 제공한 정보를 수동적으로 흡수하거나 단순히 옮겨 적는 것으로 끝나지 않는다. 그리고 실험 또한 9장에서 언급한 베이컨식 실험만 있는 것이 아니다. 관찰이란 비판적이고 명백한 목적을 지닌 방법론으로, 다른 관찰을 배제하고 특정한 관찰을 선택할 때는 명확한 과학적 근거가 존재한다. 과학자는 언제나 관찰 가능한 전체 계의 극히 일부밖에 관찰할 수 없기 때문이다. 실험도 마찬가지로, 여러 가능성의 차이를 구분하고 이어지는 사고의 방향을 정하기 위한 비판적 과정으로 해석해야 한다.

이런 경우를 생각해 보자. 젊은 과학자 한 사람이 1미터 정도의 실험대 공간, 흰색 실험복, 도서관 사용 권한, 그리고 자신이 직접 생각하거나 상급자가 살펴보라고 요청한 문제 하나를 손에 넣었다 하자. 그에게 넘어온 것은 거의 확실히 작은 문제일 것이며, 그 해법이 더 중요한 문제의 해결책으로 이어지고, 그 문제는 더 상급의 문제로 연결되어, 마침내 장기간에 걸친 연구의 목표에 도달하게 된다. 과학자가 아닌 이들은 이런 하위 문제와 상위 문제의 연관성을 즉시 파악하지 못한다. 인문학자들이 과학 계열 학부의 알림판을 읽는다면, 젊은 과학자들이 우스꽝스러울 정도로 특화된 업무에 몰두한다는 생각을 할지도 모르겠다. 사실 과학자들도 별로 다를 바는 없어서, 다른 어른이 튜더 왕조 시대 콘월 지방의 교구 추문에 대해서 열심히 연구하는 모습을 보면 당황할 가능성이 클 것이다. 그 연구가 아주 중요한 주제인 잉글랜드 종교개혁으로 이어진다는 사실을 모르기 때문이다.

그래서 이런 과학자는 어떤 방식으로 주어진 문제를 해결할까? 일단 단순히 사실 정보를 나열하는 정도로는 부족하다고 확신할 수 있을 것이다.* 사실을 쌓는 것만으로 새로운 진실이 저절로 발생하는 경우는 없다. 베이컨과 코메니우스와 콩도르세 또한 (아래 참조) 때로는 실증적인 사실의 수집과 분류가 자연의 이해로 이어지리라 믿는 것처럼 글을 쓰기도 했지만, 그들은 비교적 특수한 고려하에 이런 관점을 받아들였다. 연역이라는 정신 행위가 새로운 진실의 발견으로 이어질 수 있다는, 즉 정신 행위만으로 지식을 확장할 수 있다는 관점을 배격하기를 원했기 때문이다. 17세기의 철학 및 과학 저술, 특히 베이컨, 보일, 글랜빌 등의 저작에서는, 그들이 받아들이며 성장했던 전통인 아리스토텔레스의 사고방식을 멸시하는 표현을 잔뜩 찾아볼 수 있다.

물론 베이컨의 과학철학은 열심히 관찰하고 실험하라는 호소만으로 그치지 않는다. 그는 또한 사물의 진실에 이를 때 필

---

* 인용한 부분마다 반복해서 감사를 표하는 일을 피하기 위해서, 이후 이어지는 과학적 과정에 대한 논의의 대부분은 카를 포퍼 경의 저작, 특히 『과학 발견의 논리』 3판(런던: 허친슨, 1972)과 『추측과 논박』 4판 (런던: 루틀레지&키건 폴, 1972)에 기반하고 있음을 미리 언급해 두겠다.

요한 규칙을 여럿 제안하기도 했는데, 그 내용은 200년 뒤에 존 스튜어트 밀이 『논리학 체계』에서 제안한 발견의 법칙과 근본적으로 유사하다. 이런 귀납의 법칙은 특수한 경우에만 적용할 수 있다. 즉, 우리 앞에 문제 해결과 연관된 모든 사실이, 연관되지 않은 사실은 완전히 배제한 상태로 놓여 있어야 적용 가능한 것이다. 오로지 온전한 진실만 있어야 한다. 어떤 사람이 만찬 자리에서 격렬한 구토를 겪은 원인을 찾으려 역학疫學의 방법론을 사용하는 경우를 생각해 보자. 여기서 우리가 만찬의 참석자들이 무엇을 먹고 마셨는지를 알고, 식탁 앞에 앉을 때까지 모두 건강했으며 이후로도 환자 외에는 전부 건강했다는 사실을 파악했다면, 소위 말하는 귀납의 법칙을 적용할 수 있다. 모든 사람이 함께 먹은 음식이 한 사람에게만 병을 유발했을 가능성은 별로 없을 것이며, 모두가 거절한 음식도 마찬가지다. 이렇게 해서 환자만 크림 실러버브를 먹었다는 사실이 발견된다. 환자의 특이성 있는 불행을 설명하려면 특이성 있는 불행을 파악해야 한다. 물론 이렇게 초보적 논리와 상식으로 해결할 수 있는 단순한 예시는, 베이컨이 이런 행위에 부여한 자못 길고 장중한 묘사의 대상이 되기에는 부족해 보인다. 밀이나 베이컨은 과학자가 사실을 수집해야 하는 근본적 이유가, 그렇게 확보한 사실을 발견의 방정식에 대입하여 작동시키기 위해서라고 생각했다.

현실 세계는 이런 식으로 돌아가지 않는다. 자연계에서는 진실이 홀로 모습을 드러내려고 기다리는 일 따위는 없으며, 사건에 연관된 관찰과 그렇지 않은 관찰을 '선험적으로' 구별할 방법도 존재하지 않는다. 모든 발견과 그에 따른 이해의 확장은, 상상력을 발휘해 진실의 모습을 예상하는 일에서 시작된다. 이런 상상을 통한 예상, 즉 '가설'을 세우는 과정은 다른 모든 창조적 정신 활동과 마찬가지로 이해하기 쉬울 수도 어려울 수도 있다. 뇌파 한 줄기, 영감에 의한 추측, 한순간 치솟는 통찰력의 결과물일 수도 있다. 어쨌든 가설이 과학자의 내면에서 유래하는 것이며, 발견의 방법론을 통해 도달할 수 없는 것임은 분명하다. 다른 말로 하자면, 가설이란 세상 또는 특별히 흥미로운 일부 세상이 따르는 법칙의 초안을 고안하는 행위다. 더 넓은 범주에서 보자면 일종의 기계적 발명이라고 할 수도 있다. 발명품에 내재된 가설을 시험하기 위해 발명품을 시험 가동해 보는 셈이다.

따라서 과학의 가장 기본적인 업무는 사실의 수집이 아니라 가설의 검증이다. 즉, 가설 또는 가설의 논리적 함의가 현실을 제대로 설명할 수 있는지, 또는 그 가설이 발명품이라면 그 물건이 제대로 작동하는지를 확인하는 일이다. 오늘날 '실험'이라는 단어는 주로 갈릴레오식 실험을 가리키기 때문에(9장 참조), 실험이란 곧 가설의 검증에 필요한 행위의 총칭이 된다.

결과적으로 과학이란 서로 논리적으로 연결된 가설들이 형성하는 네트워크라고 할 수 있다. 그리고 이 네트워크는 자연세계의 모습에 대한 우리의 현재 관점을 나타낸다.

검증할 가설을 확립한 과학자는 작업에 착수한다. 여기서 가설은 길잡이가 되어, 수많은 관찰 중에서 수행할 것을 골라주거나, 평소라면 수행하지 않을 실험 방식을 제안하는 역할을 한다. 과학자는 이내 경험적으로 훌륭한 가설이 될 만한 특성을 짚어낼 수 있게 된다. 9장에서 설명했듯이, 거의 모든 법칙과 가설은 특정 현상의 발현을 '배제하는' 식으로 기술할 수 있다(내가 든 예에서, 생물 발생의 법칙은 자연 발생 현상의 발현을 '배제하는' 셈이다). 모든 현상을 허용하는 가설이 아무것도 알려주지 않는다는 사실은 명백하다. 배제하는 현상이 많은 가설일수록 많은 정보를 담고 있기 마련이다.

여기에 덧붙여, 훌륭한 가설은 '논리적 직접성'을 가져야 한다. 그러니까 설명해야 하는 단 하나의 현상만 설명해야지, 그외에도 다른 수많은 현상의 설명이 되어서는 곤란하다는 뜻이다. 애디슨씨병 또는 크레틴병의 이유를 '호르몬 분비샘의 기능부전'이라 말하면, 틀린 것은 아닐지라도 딱히 도움이 될 리가 없다. 가설에서 논리적 직접성이 미덕인 이유는 비교적 직접적이고 실용적인 방법으로 그 가설을 검증해 볼 수 있기 때문이다. 여기서 실용적이라는 말은 새로운 연구소를 창립하거나 외우주로 여행을 떠나지 않아도 된다는 뜻이다. 나는 『해결 가능성의 기술』에서 실용적인 실험으로 검증할 수 있도록 가설을 정립하는 방법에 상당히 많은 지면을 할애했다.

실증과학에서 일상 연구의 대부분은 가설의 논리적 결과를 실험으로 검증하는 과정이다. 즉, 특정 가설이 일단 참이라고 가정한 다음 어떤 일이 벌어질지를 확인하는 것이다. 내가 비판적 또는 갈릴레오식이라 묘사한 실험은 그 이상의 추측할 거리를 제공한다. 결과가 검증 중인 가설과 모순되지 않는다면, 추가로 더 세심한 검증 계획을 세울 때까지 일단 보류해도 좋다. 반면 모순된다면 가설을 개정하거나, 극단적인 상황에서는 완전히 폐기해야 한다. 이 경우에는 다시 처음으로 돌아가서, 가능성과 현실 사이의 의견 교환, 즉 진실일 수도 있는 추측과 특정 상황에서 확인되는 사실의 비교를 수행해야 한다. 포퍼가 말한 대로, 상상력에서 나온 목소리와 비판적인 목소리가 '추측과 논박'의 대화를 나누어야 한다는 것이다.

이런 정신 행위는 모든 탐구 활동의 공통적인 특성이라, 굳이 실험과학에만 한정된 것이 아니다. 인류학자, 사회학자, 또는 병증의 정체를 확인하려는 의사도 기본적으로 이런 방법론을 사용한다. 자동차의 고장을 찾으려는 기술자도 이런 정신 행위의 방법론에 의존한다. 이런 모든 행위는 사실 수집에 방점을 찍는 고전적 귀납론과는 상당히 거리가 있다. 연구에 매진하는 젊은 과학자의 마음가짐에 영향을 끼칠 수 있으니 굳이 첨언하자면, 과학자는 자신이 가설을 '연역'하거나 '추론'했다고 말하거나 생각해서는 안 된다. 오히려 거꾸로, 가설로부터 사실에 관한 명제를 연역하거나 추론해 낸다고 해야 옳다. 미국의 위대한 철학자 C. S. 퍼스가 명확하게 인지했듯이, 우리가 관찰로부터 가설을 끌어내는 과정은 연역법을 거꾸로 뒤집은 것이라 할 수 있다. 그는 여기에 귀추법이라는 이름을 붙였는데, 이후로는 별로 사용되지 않는 용어가 되었다.

관점의 적용례

피드백__ 상당히 자주 지적되는 문제기는 하지만, 다시 강조해서 나쁠 것은 없을 것이다. 만약 가설에서 이끌어낸 추론을 가설의 논리적 결과물이라 여긴다면, 예측한 현실에 어느 정도 맞아떨어지도록 가설을 변형하는 행위는 '음의 피드백'이라는 기초적이고 흔히 찾아볼 수 있는 전략의 사례로 간주할 수 있다. (아래의 '위조' 참조) 이런 유사성을 보면, 과학 연구 또한 다른 모든 탐구 활동과 마찬가지로 인위적으로 방향을 택할 수 있다는 사실이 명확해진다. 즉 놀랍고 복잡한 세계에서 항상 길을 찾고 이해하려 노력해야 하는 행위라는 의미다.

반증과 증거의 비대칭__ 방금 언급한 사고의 흐름(가설-연역법)을 이해하려면 증거의 비대칭을 인식해야 한다.

학교에서 흔히 배우는 다음의 삼단논법을 살펴보자.

> 대전제: 모든 인간은 죽는다.

> 소전제: 소크라테스는 인간이다.

> 결론: 소크라테스는 죽는다.

제대로만 수행하면, 이런 연역의 과정은 전제들이 참이라면 결론 또한 참이라는 완전무결한 보증이 된다. 의심할 여지조차 없이, 소크라테스는 죽을 것이다. 그러나 이는 단방향의 과정일 뿐이다. 소크라테스의 필멸성이 역사 연구에서 확인된다 해도, 우리는 그가 인간인지, 또는 모든 인간이 필멸성을 가지는지는 조금도 확신할 수 없다. 소크라테스가 물고기고 모든 물고기가 죽는다고 해도, 이 삼단논법과 추론에 의한 결론은 같은 구속력을 지닌다. 그러나 소크라테스가 죽지 않는다면, 즉 결론이 틀렸다면, 확실히 우리가 잘못 생각하고 있었다고 말할 수 있다. 소크라테스가 인간이 아니거나, 모든 인간이 죽는 것은 아닌 것이다.

이런 결론의 비대칭성에서 반증이라는 보다 논리적인 과정이 발생하며, 때로 사람들은 이를 '증거'라 칭하는 무모한 행동을 저지르기도 한다. 물론 과학자가 완벽한 확신을 담아 '증거'라 칭하는 경우는 별로 없다. 경험이 많을수록 그럴 가능성은 줄어든다. 과학자는 경험을 쌓아 나가면서 반증법의 특수한 강점과 입문자들이 '증거'라 칭하는 것의 위태로움을 깨닫게 된다. 9장에서 말한 것처럼(거기서는 이런 실험 설계를 하는 다른 이유를 들었지만), 우리는 흔히 검증하려는 가설의 정반대인 귀무가설을 탐구하고, 가능하면 배제하는 전략을 사용한다. 이런 온갖 이유 때문에, 모든 과학적인 가설과 과학 이론은 완벽하게 증명될 수는 없다. 비판과 개정의 가능성에서 완전히 해방될 수준의 확실성은 획득할 수 없는 것이다.

그렇다면 과학자란 진실의 구도자라 할 수 있다. 과학자는 진실에 닿으려 애쓰며, 언제나 진실이 있는 방향으로 고개를 돌린다. 그러나 완전무결한 확실성이란 손이 닿을 수 없는 곳에 있으며, 답이 필요한 질문 중 많은 수는 자연과학이 다루는 범주 바깥에 있다. 나는 이 장의 표어로 20세기의 가장 위대한 과학자 중 한 명인 자크 뤼시앵 모노의 마지막 말을 사용했다. 그의 말에는 과학자라면 언제나 갈구하는 야심이 담겨 있다. 적어도 이해하려 발버둥칠 수는 있는 것이다.

과학적 진술이란 무엇인가?___ 전문가로서의 능력 범주 안에서 과학적 진술을 내놓는 과학자들은, 때로는 너무 성급하게 다른 이들이 '과학적이지 못하다'고 비난하고는 한다. 따라서 이런 경우에는 판정 기준을 정해놓는 편이 유용할 것이다. 어떤 진술이 과학과 상식의 세계에 속하며, 어떤 진술이 다른 담론의 세계에 속하는지 그 경계를 확정해 보자는 것이다.

처음 이 문제를 걸고넘어진 논리실증주의 학파의 철학자들은 '검증'이라는 관념에 해답이 있다고 생각했다. 과학적 진술은 사실 또는 이론으로 검증할 수 있다고 생각했으며, 여기서 '이론적으로' 검증 가능한 진술이란 검증에 필요한 단계를 명확히 인지할 수 있는 진술을 말했다. 이론적으로 검증이 불가능한 진술은 '형이상학적'이라 폄하되었는데, 이 경우에는 '터무니없는 헛소리'를 완곡하게 표현한 단어가 분명했다. 반증의 효과에 대해 독특하고 훌륭한 관점을 제시한 카를 포퍼는 '이론적인 검증 가능성'을 '이론적인 반증 가능성'으로 대체했다. 그의 주장에 따르면, 그는 의미와 무의미가 아니라 단순히 서로 다른 담론을 구분하는 경계를 제시한 셈이었다. 과학과 상식의 세계에 속하는 담론과 형이상학의 세계에 속하는 담론은 완전히 목적이 다르다는 것이었다.

이 모든 과정에서 행운은 무슨 역할을 할까? "세렌딥"은 실론의 옛이름이었다. 호레이스 월폴은 끊임없이 찾아오는 행운 덕분에 절묘한 발견과 발명을 계속하는 세 왕자의 이야기를 썼고, 여기서 '세렌디피티serendipity'라는 단어가 탄생했다.

과학 연구에서 행운의 역할은 실로 중요하며, 오랜 기간 좌절하거나 아무 성과도 내지 못하는 연구를 수행한 과학자들은, 종종 이제 행운이 찾아올 때가 되었다고 말하거나 생각하고는 한다. 이들이 입에 담는 행운이란 귀납법의 기준에서 행운이라 평가할 만한 것들, 즉 새롭고 중요한 현상이나 사건의 조합이 완벽히 갖춰진 채로 그들의 눈앞에 등장하리라는 뜻이 아니다. 그저 잘못된 착상이 아니라 옳은 착상을 떠올릴 때가 되었다는 뜻일 뿐이다. 피상적으로 현상을 설명할 뿐 아니라 비판적 평가도 견뎌낼 수 있는 가설을 떠올릴 때가 되었다는 뜻이다.

로저 쇼트 박사는 단순한 관찰만으로는 발견에 이를 수 없다는 사실을 입증하는 흥미로운 예시를 하나 들었다. 윌리엄 하비가 최상급의 관찰자라는 사실 덕분에 이 일화는 특히 의미 있다고 할 수 있다. 수태에 대한 하비의 관점을 서술하면서, 쇼트는 그가 포유류의 생식에서 난소의 역할을 완전히 배제했다는 점을 지적한다. 하비 또한 아리스토텔레스처럼 수정란이 수태라는 행위의 결과물이며, 특히 남성의 '씨앗'에서 만들어지는 것이라고 믿었다. 그리고 쇼트는 이렇게 덧붙인다. "하비의 해부 및 관찰 능력은 거의 흠 잡을 곳이 없었다. 그가 실수를 저지른 곳은 그 내용의 해석뿐이었다. 그의 실수는 오늘날까지도 많은 이들에게 교훈이 된다."[*]

그러나 더 친숙하고 덜 지적인 부류의 행운은 어떨까? 예를 들어, 알렉산더 플레밍이 페니실린을 발견한 과정이라면?

플레밍은 훌륭한 과학자였으며, 따라서 박테리아 배양접시 사건을 그리 화려하게 포장하지 않았다. 그러나 그런 그에게도 (내가 들은 바에 따르면) 다음과 같은 전설이 따라붙었다. 어느 날 플레밍이 포도상구균인지 연쇄상구균인지를 배양접시에 이식하고 있는데, 빵곰팡이인 페니실리움의 포자가 창문으로 들어와 배양접시에 내려앉았다. 그 포자가 내려앉은 자리 주변으로 마치 후광처럼 박테리아의 증식이 억제된 모습이 드러났다. 이 발견에서 다른 모든 사건이 시작된 것이다.

나는 한동안 이런 이야기를 사실로 받아들였는데, 단순히 그러지 않을 이유가 없기 때문이었다. 그러나 해머스미스의 영국 의학대학원에 근무하던 한 냉소적인 박테리아학자는 여러 측면에서 그 신화를 공격했다. 우선 이런 식으로 발아한 페니

---

[*] R. V. 쇼트, 「하비의 수태」, 〈생리학회 회보〉 (1978년 7월호 14~15). R. V. 쇼트, 주커먼 편, 『난소』 1, 2판(뉴욕: 아카데믹 프레스, 1977)도 참조.

실린의 포자는 박테리아의 증식을 억제하는 영역을 형성할 수 없다. 그 박테리아학자는 계속해서 내게 세인트 메리 병원은 당시 너무 낡은 건물을 사용했기 때문에, 모든 창문이 닫히지 않거나 열리지 않거나 둘 중 하나였다고 말해 주었다. 플레밍의 창문은 후자였다. 따라서 적어도 창문을 통해 날아온 포자 이야기는 사실이 아닌 셈이다.

플레밍의 발견에 대한 옛이야기가 비판적 검증에서 살아남지 못한 것은 실로 유감스러운 일이다. 솔직히 나는 그걸 믿고 싶었다. 하지만 이 이야기가 사실이었다고 해도, 행운이 가지는 효율성에 대해서는 그리 많은 것을 알려주지 못한다. 플레밍은 인도적이고 점잖은 사람으로, 1차 대전의 부상자들이 겪은 조직괴사나 기타 끔찍한 합병증을 목도하고 깊은 충격을 받았다. 당시 유일한 항생제였던 석탄산은 체액과 섞이면 거의 완전히 효력을 잃으며, 때로는 박테리아보다 심한 조직 손상을 일으켜 감염 부위의 합병증을 심화시키기도 했다. 따라서 플레밍은 조직을 손상하지 않는 항생물질에 어떤 이점이 있는지를 명확히 떠올리고 있었을 것이다.

플레밍이 그런 물질을 찾고 있었기 때문에 페니실린을 발견한 것이라 말해도, 방법론적으로는 과장이라 할 수 없을 것이다. 설령 진실이 아니더라도, 그가 관찰했다는 현상을 눈앞에서 목격하고도 그 의미를 깨닫지 못하거나 그 발견을 초석으로 삼아 업적을 이룩하지 못했을 사람은 수없이 많을 것이다. 그러나 플레밍의 정신에는 그 관찰이 들어갈 자리가 마련된 채로, 그 순간만을 기다리고 있었던 것이다. 행운은 보통 등장을 기대하며 미리 공간을 비워 놓았던 이들에게만 찾아간다. 잘 알려진 대로 파스퇴르는 "행운은 준비된 정신을 선호한다"라고 말했으며, 퐁트넬은 "행운의 손길은 훌륭한 솜씨를 보이는 이에게만 찾아오게 마련이다!"라고 말한 바 있다.

사실 페니실린에 대해서는, 그 어떤 사람의 정신도 예측할 수 없었을 순수한 행운의 손길이 개입하기는 했다. 당시 예측이 불가능했던 이유는 요즘에나 발견이 가능한 사실이었기 때문이다. 대부분의 항생물질은 끔찍하게 독성이 강한데, 그 효력이 보통 박테리아와 일반 체세포가 공유하는 신진대사 과정을 저해하는 데서 오기 때문이다. 그런 물질의 훌륭한 예로 악티노마이신 D가 있다. 이 항생물질은 세포핵의 DNA에 있는 유전자 기록을 실제 사용하는 RNA로 전사하는 과정을 저해한다. RNA 전사는 박테리아에도 일반 체세포에도 필요하기 때문에, 악티노마이신은 양쪽 세포 모두에 피해를 준다. 페니실린이 독성이 없는 이유는 박테리아에서만 흔히 찾아볼 수 있는 대사 과정에 개입하기 때문이다.

과학의 한계__ 애석한 일이지만, 나는 과학이 시초나 종말에 관한 질문, 또는 궁극적 목적에 관한 질문에 답할 수 없다고 인정해야 한다고 생각한다. 그러나 일단 그 사실만 인정하면, 나는 그 한도 안에서는 과학이 대답할 수 있는 질문에는 한계가 없으며, 그 한계를 가늠할 수도 없다고 생각한다. 17세기 과학의 아버지들이 '플루스 울트라Plus ultra'를 표어로 삼은 것은 실수가 아니었다. 그들은 과학에 항상 지평 너머가 존재한다고 믿었던 것이다. 나중에 카를 포퍼가 완벽한 체계로 다듬어낸 과학의 보편적 관점을 워웰이 처음으로 제창했을 때, 그의 숙적이었던 존 스튜어트 밀은 가설이 상상의 산물이며 따라서 상상력에 있어 마땅한 것을 제외하면 그 어떤 제약도 없다는 사상에 충격을 받았다. 그러나 진정으로 밀을 두렵게 만든 것은, 과학의 위대한 영광이자 우리에게는 안도를 주는, 과학에는 한계가 없다는 생각이었다. 과학이라는 도도한 강물이 말라붙으려면 모든 과학자가 진실을 상상할 힘 또는 동기를 잃어버리거나 모든 시도에 실패해야 한다. 따라서 과학의 종말을 상상하는 것은 창작문학이나 순수예술의 종말을 상상하는 것과 동급인 것이다. 물론 해결할 수 없는 문제가 존재할 수는 있다. 카를 포퍼와 존 에클스는 뇌와 정신의 연결 관계가 그런 문제 중 하나일지도 모른다고 언급하기도 했지만,* 두 번째 예시는 쉽게 떠오르지 않는다.

패러다임의 대두

내가 과학적 과정의 여러 해석 중에서도 '가설-연역적 방법'을 선호하는 이유는, 그 방법론을 이용하면 나 자신의 사고 과정을 명확하게 해석할 수 있으며, 나뿐 아니라 상당히 많은 수의 과학자와 의사들도 자신의 탐구 활동을 훌륭히 묘사해 준다고 생각했기 때문이다. 그러나 과학적 과정의 해석으로 유력한 다른 견해를 설명하지 않고 넘어간다면 불공평한 일이 될 것이다. 토머스 쿤이『과학혁명의 구조』에서, 그리고 최근『필연적 갈등』**에서 설파한 관점은 상당한 관심을 끌었다. 쿤 본인과 다른 여러 사람이 발족한 심포지엄 〈비판과 지식 성장〉***에서는 그의 관점에 대한 여러 계몽적인 논의가 이어졌다.

쿤의 관점은 유행을 타고 있다. 많은 과학자가 그의 견해와

---

* 카를 R. 포퍼와 존 C. 에클스, 『자아와 그 두뇌』(베를린: 스프링거, 1978), 서문.
** 토머스 쿤, 『과학혁명의 구조』(시카고: 유니버시티 프레스, 1962; 2판, 1970); 『필연적 갈등』(시카고: 유니버시티 프레스, 1978).
*** I. 라타코스 & A. 머스그레이브 편, 『비판과 지식 성장』(케임브리지: 케임브리지 유니버시티 프레스, 1970).

현상이 일치한다고 여긴다는 명확한 증거일 것이다. 과학자란 단순한 철학적 몽상 따위에는 시간을 낭비하지 않는 사람들이기 때문이다. 그리고 쿤의 관점과 포퍼의 관점은 상반되는 개념이 아니다.

쿤의 견해를 개략적으로 설명하자면 다음과 같다. 포퍼는 가설의 비판적 검증을 상당히 중요하게 생각한다. 물론 가설의 검증에는 그럴 가치가 충분하지만, 이는 과학자와 현실 사이에 벌어지는 개인적 교류 과정이 아니다. 즉, 단순한 사실과 추측의 경쟁으로 끝나지 않는다는 것이다. 과학자는 자신이 가설을 기존에 '성립된' 과학계의 주장, 즉 현재의 이론과 표준 신념에 대비하여 가늠한다. 과학의 일상에서 일어나는 문제를 해석하는 방법인, 우세한 '패러다임'과 비교해 평가하는 것이다. 패러다임의 한도 내에서 탐구하는 과학자는 쿤이 말하는 '정상 과학'을 수행하는 것이며, 그의 연구는 퍼즐을 해결하는 것이나 다름없다.

위에 언급한 심포지엄에 참석한 J. W. N. 왓킨스가 쿤이 과학계를 종교 공동체로 간주하고, 과학을 과학자의 종교로 해석한다고 평가한 것도 당연한 일이다. 과학자들이 종종 표준 신념을 떨쳐내기를 망설이는 것은 물론 사실이다. 때로는 우세한 패러다임을 벗어난다는 느낌에 초조해하기도 한다. 그러나 정상 과학이란 도전 없이 그리 오래 버티지 못한다. 틈만 나면 특출난 과학자나 특출난 과학 현상이 등장해서 새로운 정설을 들이밀어 우세한 패러다임을 대체해 버린다. 즉 새로운 패러다임이 '정상' 과학을 새롭게 정의하여 다시 혁명적 평가가 반복될 때까지 군림한다는 것이다. 쿤이 자신의 최신작 제목에서 언급하는 '필연적 갈등'은 우리가 물려받아 과학에 영향을 끼치는 교리와 신조가, 쿤에 의해 유명해진 새로운 '패러다임'이 등극하는 과정에서 격변을 일으킬 때마다 수시로 발생하는 것이다.

쿤의 관점이 일부 과학자의 심리를 설명해 줄 수 있으며 과학사에 대한 흥미로운 논평인 것은 분명하지만, 정설이 성립되는 방법론, 즉 규범의 체계로 간주하기에는 무리가 있다.

현실의 과학자는 틀렸다고 간주할 이유가 등장할 때까지 한가지 가설을 믿는다. 그렇다면 이는 그의 개인적 패러다임이라 불러야 할 것이며, 어쩌면 그 패러다임에 자신의 착상이 기여한 바가 있다면 소유자로서의 자부심을 느낄지도 모른다. 혁명이라는 용어에 대해 말하자면, 과학에서 혁명이란 언제나 진행 중이다. 과학자는 자신의 연구에 대해 매일 똑같은 의견을 유지하지 않는다. 독서, 사색, 동료들과의 토론 등이 강조점을 이리저리 바꾸게 만들며, 때로는 극단적으로 사고의 방향을 뒤엎는 경우도 생긴다. 연구실이라는 공간에는 항상 불안정한 역동성이 감돌게 마련이다. 쿤의 저작을 보면 나는 그가 과학자들이 안정된 삶을 영위한다고, 이미 확정된 질서에 만족하며 신을 두려워하는 부르주아처럼 살아간다고 여긴다는 인상을 받는다. 그러나 현실에서 과학자의 삶이란 끊임없이 혁명을 반복하는 마오주의자의 소우주에 가깝다. 독창적인 연구를 수행하는 실험실은 어디든 유동적일 수밖에 없다. 물론 호흡이 느리고 견해의 검증에 훨씬 오랜 시간이 걸리는 사회과학에서는 경우가 다를지도 모른다. 어쩌면 여기서는 '정상 과학'이 의미를 가질지도 모른다. 그리고 정상 과학이 대체되는 과정도 더 혁명에 가까울 수 있을 것이다.

방법론에 지나치게 신경을 쓰는 것은 아닐까?__ 과학적 질문의 사례를 되짚어가며 가설-연역적 방법의 특성을 보여줄 수 있기는 해도, 젊은 과학자라면 이렇게 온갖 형식적인 문제에 신경 쓸 필요가 있는지 의문이 들 것이다. 또는 이런 생각이 들 수도 있다. 많은 과학자는 과학적 방법에 대한 정규 교육을 받지 않았으며, 받은 사람들이 받지 않은 사람들보다 딱히 나은 결과를 얻는 것도 아니지 않느냐는 것이다.

젊은 과학자가 허세를 부리듯 방법론에 매달릴 필요가 없다는 점은 분명 사실이다. 다만 사실의 수집만으로는 최상의 경우에도 실내 취미활동에 머무를 뿐이라는 점을 명심할 필요가 있다. 실증적 관찰로부터 빠르게 진실을 도출하는 사색의 법칙이나 추론법은 존재하지 않는다. 관찰과 그 해석 사이에는 항상 정신 활동이 끼어들어야 한다. 설명한 대로, 과학의 생산 행위는 상상력을 동원한 추측일 수밖에 없다. 일반적인 과학 행위에는 높은 이해가 뒷받침해주는 상식의 적용이 필요하지만, 이런 일에 일상에서 사용하는 이상으로 정교하거나 섬세한 연역법이 필요한 것은 아니다. 그저 함의를 파악하고 선택지를 분별하는 능력과, 자신이 애지중지하는 가설의 매력(또는 사랑스러움)이나 잘못 수행한 실험의 증거에 현혹되지 않으려는 굳은 의지만 있으면 된다. 인간을 초월한 지적 능력이 필요한 경우는 거의 없다. 소위 말하는 '과학적 방법'이란 사실 강화한 상식에 지나지 않는다.

관찰한 내용이나 주장을 가지고 다른 이들을 설득하려 하는 과학자는, 다른 누구보다 우선 자신부터 설득해야 할 것이다. 그러나 자신을 향한 설득에 손쉽게 넘어가서는 곤란하다. 불평쟁이고 설득될 마음이 없는 사람이라는 평을 듣는 쪽이, 쉽게 속는다는 평가를 받을 이유가 생기는 것보다는 차라리 낫다. 그리고 동료의 솔직한 평가를 구했다면 그 평가의 공을 돌려줄 수 있어야 한다. 뒷받침하는 실험 설계가 흐리멍덩하고 수행 또한 적절하지 못한 상황에서, 그 작품이 명징하고 설득력과 일관성을 갖췄다고 응원해주는 행위는, 동료로서의 친절이 아니라 적의 행동에 가깝다. 보편적인 관점에서 말하자면, 비판이란 과학의 모든 방법론에서 가장 강력한 무기다. 과학자에게 허용된 유일한 희망은 계속 오류에 매달릴 필요가 없다는 것이다. 모든 실험은 비판이다. 만약 실험에 자신의 관점을 수정할 가능성이 조금도 들어가지 않는다면, 애초에 실험을 수행할 이유조차 없다고 해야 할 것이다.

12. 과학의 사회 개량주의 대
   과학의 메시아주의

　　　　　　　　　　　과학자들은 천성적으로 자
신감이 넘치는 족속인데, 이런 정신 상태는 때로는 스티븐 그
라바드가 칭하는 '문예 인문주의자 특유의 의기소침함'과 대
조되어 자못 남부끄럽게 여겨지기도 한다. 그러나 과학이 선포
한 목적은 지금껏 인간이 매진한 모든 활동 중에서도 가장 성
공률이 높다는 점을 생각하면, 굳이 의문을 품을 필요는 없을
것이다. 물론 날지 못한 비행기에 대해서는 별로 들을 일이 없
으며, 폐기된 가설은 대부분 조용한 비탄 속에서 남몰래 묻히
지만 말이다.

　과학자들이 자신감이 넘치는 것은 사실이지만, 그들을 '낙관

주의자'라고 부르는 것은 철학적 오류일지도 모른다. 과학자가 낙관주의자라면 존재 이유 자체가 사라지는 셈이지 않은가. 라이프니츠의 신정론神正論에서 갈라져 나온 형이상학적 신념의 하나인 낙관주의는, 결국 볼테르의 조롱을 버티지 못하고 사멸했다. 볼테르의 『캉디드』가 숨통을 끊어 놓았다. 모든 것이 잘될 리가 없다고, 이곳은 존재하는 모든 세계 중 최선의 세계가 아니라고 일러 주면서.

유토피아와 아르카디아

과학자들은 또한 그 성정에서 유토피아적인 경향을 보인다. 즉 원칙의 존재 가능성을, 심지어 솔직히 털어놓자면 지금과는 다르며 모든 면에서 나은 세계마저도 꿈꾼다는 뜻이다. 유토피아적 사고의 전성기는 지표면을 항해하는 일이 오늘날 우주여행만큼의 가치를 가지며, 그 과정에서 수없이 많은 발견을 이룩하던 때였다. 과거의 유토피아, 이를테면 새로운 아틀란티스, 크리스티아노폴리스, 태양의 도시 등은 머나먼 땅에 있는 동시대의 도시였지만, 오늘날 유토피아의 꿈은 먼 미래, 또는 아직 발견되지 않은 멀리 떨어진 항성계의 행성을 노린다.

아르카디아식 사고방식은 아직 오지 않은 시대나 멀리 떨어진 땅이 아니라, 여전히 돌아갈 수 있는 과거의 황금시대를 꿈

꿈다. 아르카디아란 야망이나 질문에 의해 타락하지 않은 순결한 땅으로서, 갈등이나 야망 따위는 없이 경건하게 침묵하며 이룩된 완벽한 질서를 따르는 곳이다. '진실하고 정직한 삶'의 세계인 것이다. 밀턴의 말을 인용해 살펴보자면, 이런 관점에서 교육의 목적은 "우리의 첫 선조가 망친 폐허를 복구하는 것"이다. 즉 인류의 타락 이전에 존재했던 행복하고 순결한 세계로 귀환하자는 것이다. 밀턴과 동시대에 살았던 천년왕국을 신봉하는 청교도 지식인 사이에서, 이런 아르카디아적 야심은 그리 드물지 않았다. 찰스 웹스터가 『위대한 부흥: 1626년에서 1660년까지의 과학, 의학, 개혁』*에서 명확하게 증명했듯이, 우리는 이런 야심이 베이컨과 코페르니쿠스의 과학혁명에서 큰 역할을 했음을 알고 있다. 이들의 아르카디아적 신념과 새로운 철학에서 차지한 주도적 위치에는, 쇠락한 세계에 대한 극도의 불만족이 명확하게 드러나 있기 때문이다.

오늘날까지도 아르카디아풍의 사고방식은 사라지지 않았다. 그저 그 형태가 변했을 뿐이다. 물론 역사가 주기적으로 반

---

* 찰스 웹스터, 『위대한 부흥: 1626년에서 1660년까지의 과학, 의학, 개혁』(런던: 버터워스, 1976). 밀턴의 인용구는 새뮤얼 하틀립에게 보낸 서간문의 교육에 관한 논의(1644)에서 인용.

복된다는 개념은 사장된 지 오래지만, 불만은 꾸준히 그런 사고방식에 연료를 제공한다. 특히 온 세계가 '과학의 책임론'을 믿는 지금 상황에서는 말이다.

후기 아르카디아풍이라 칭해야 마땅할 이런 사고방식에서는, 번영을 누리던 18세기 영국 지주 계급 신사의 삶을 인류 역사의 최고점으로 잡는다. 자기 소유 농장의 풍족한 산물로 자급자족하며, 삶에 만족하고 윗사람을 공경하는 소작농들에 둘러싸인 채로, 휘하 사람들의 안녕을 진심으로 돌보며 살아가는 사람들 말이다. 게다가 집 안팎의 수많은 충직한 하인들에게도 일자리를 제공하며, 이들을 불러 모아 아침기도를 올리거나 충실히 교회에 출석하면서 고결한 신실함의 본보기도 보인다. 이런 지주 신사는 보통 대가족을 꾸리며, 가족에서 다음으로 나이 많은 남성이 장원을 다스리고 경영하는 일을 물려받을 것이다. 딸들은 어머니를 도와 온갖 훌륭한 가사 업무를 담당하다가, 이득을 보는 결혼으로 가족의 명성을 높일 것이다. 이런 아르카디아풍 소우주를 완성하기 위해서는 젊은 입주 가정교사도 빼놓을 수 없다. 가족의 삶을 관조하면서, 그 안의 젊은 일원들을 존슨 박사조차도 승인했을 방식으로 교육하려 최선을 다하는 사람 말이다(68쪽 참조).

물론 이런 세계는 지주 신사 본인에게는 가히 최고라 할 수 있겠지만, 늦게까지 깨어 있거나 새벽에 일찍 일어나서 교대로 자리를 지키며 침실과 거실에 불을 때는 하인들이나, 기타 업무에서 생활의 질을 유지하려 애쓰는 실내 고용인들에게는 그리 즐거운 세계가 아닐 것이다. 마찬가지로 노동에 온 힘을 기울이는 실외 고용인들도 자신의 거처를 완벽하게 정립된 질서의 세계로 간주하는 주인의 생각에는 동의하기 힘들었을 것이다. 자신과 가족의 생계가 지주 신사나 그 하수인의 승인과 호의에 달렸다는 사실을 한순간도 잊을 수 없을 테니 말이다.

게다가 지주 신사의 아내에게도 별로 즐거운 세계가 아닐 것이다. 반복되는 출산을 견디면서 지독한 영아 사망률을 이겨내려 발버둥쳐야 할 것이며, 어쩌면 고통스럽고 몸에 장애를 남기는 질병을 누구에게도 밝히지 못한 채 품고 있을지도 모르기 때문이다. 자존심, 예절, 그리고 충분히 정당한 구석이 있는 의학적 치료에 대한 불신 때문에 말이다. 그녀에게 있어 완벽하게 정립된 질서란 집안의 하인들에게 그렇듯이 끔찍하고 절대적인 속박일 뿐이며, 어떤 면에서는 더 고통스러울 수도 있다.

C. S. 루이스와 몇 년에 걸쳐 나눈 친근한 대화 속에서, 나는 이런 아르카디아풍 동화 속 세상의 가장 이상적인 요소를 재구성해 볼 수 있었다. 그의 이상향은 언제나 혐오의 대상이었

던 과학 기반의 세계의 반례로서 구성된 것이었다. 그는 과학 자들이 자신이 사랑하는 세계를 공장식 농장과 화학농업으로 대체하려는 음모를 꾸미고 있다고 생각했다. 그에게 과학의 세계는 척박한 곳이었다. 『그 가공할 힘*That Hideous Strength*』에 서는 "높다란 의자도, 금빛 벌판도, 사냥매도, 사냥개도 없는" 곳이라고 쓰기도 했다. 물론 루이스는 아르카디아의 환상을 탐닉하는 다른 모든 사람들처럼, 그 풍경 속의 자신을 지주 신사의 모습으로 그렸다. 과학자들은 보통 자신을 주인공으로 놓을 만한 양육 환경과 세속적인 지혜를 누리지 못한 자들이라서, 잘해봐야 입주 가정교사나, 아니면 더 가능성이 큰 떠돌이 배관공으로서 사는 삶에 대해서 고민하고는 한다.

내가 방금 그려낸 아르카디아는 물론 상당히 최근의 것이다. 장 자크 루소의 '고결한 야만인'으로 유명해진 원시주의와는 제법 거리가 있다. 그러나 원시적인 순수함과 충만함에 대한 동경은 루소가 등장하기 한참 전부터 존재해 왔다. 예를 들어, 자연이 자신의 산물을 아낌없이 베풀고 염소는 양순하게 젖 짤 사람을 기다린다는 북풍 너머의 땅처럼 말이다.

이런 원시주의는 인간 문화의 역사에서 중요한 요소였으며, 과학의 발전은 그런 환상을 없애는 것이 아니라 더 매력적으로 보이게 만들었다. 물론 타당성은 크게 줄였지만 말이다. 그런 세계를 확인해보고 싶은 사람들은, 일상생활을 둘러보기만해도 루소가 다시 유행하기 시작했다는 증거를 수도 없이 발견할 수 있을 것이다.

과학의 메시아주의

자신감이 넘치든 낙담했든, 유토피아적이든 아르카디아적이든, 과학자들이란 대부분의 다른 사람들과 마찬가지로 살아있을 특별한 이유를 원한다. 단순히 '이 세상에 존재하는' 이유만이 아니라, 다른 직업이 아닌 과학자여야만 하는 이유를 원하는 것이다.

그런 이들은 머지않아 과학자들끼리, 특히 젊은 과학자들끼리 나누는 묘한 대화나 견해를 엿듣게 된다. 에른스트 곰브리치 경이 '과학의 메시아주의'라 부르는 신념이 많은 과학자를 움직이는 동기라는 것이다. 이런 견해는 자연스럽게 유토피아론으로 이어진다. 즉, 이론적으로 더 나은 세상이 존재할 수 있으며, 대규모 사회 개혁을 통해 그 지점에 도달할 수 있다는 것이다. 이들은 과학이 이런 변화의 첨병이 될 것이라 믿으며, 인간이 직면한 온갖 문제는, 인간 본성의 불완전함에서 유래한 것들조차도, 과학적 연구 앞에 무릎을 꿇으리라 생각한다. 과학이야말로 평화와 풍요가 넘실대는 햇살 가득한 천상의 영토를, 이 지치고 힘겨운 세상에서 보기에는 세속의 천국이라 할 수 있는 장소를 가리키는 이정표인 것이다.

이런 과학에 대한 장대하고 신실한 믿음은 인간 정신에 일어난 두 번의 위대한 혁명에서 유래한 것이다. 첫 번째 혁명의 사도는 프랜시스 베이컨이었으며, 그는 새로운 철학(요즘 표현으로는 "새로운 과학")을 도입했다. 베이컨은 『새로운 아틀란티스』에서 이 새로운 철학이 세계를 바꾸어놓은 모습을 꿈꿨다. 그 세계의 주된 교역품은 이해의 빛일 것이다. 이런 빛은 물질적인 세계만이 아니라 우리의 동료 생명체들에게도 비칠 것이다. 이런 세계를 다스리는 철학자-과학자는 '모든 가능한 존재에 영향을 끼치려' 최선을 다해야 하며, 이를 목표로 인간의 지식을 무한히 증대시켜야 한다.

베이컨의 아틀란티스의 꿈은 이제 거의 사라져 버렸다. 과학의 영광과 위협을 동시에 내포하는 요소 하나만 제외하고 말이다. 바로 원칙적으로 가능한 일은, 즉 자연의 법칙에 위배되지 않는 모든 사건은, 충분히 굳센 의도를 품고 충분히 오래 계속하는 것만으로 일어날 수 있다는 사실을 모두가 인지하게 되었다는 것이다. 과학적 시도의 방향성이 정치적 요소, 또는 과학 외적인 사건이나 가치관에 따라 결정되는 상황 또한 이런 진실이 불러온 필연적 결과라 할 수 있을 것이다. 과학은 행동의 가능성 자체는 활짝 열었지만, 실제 방향을 정하는 일은 다른 이들에게 맡긴 것이다.

내가 앞서 언급한 찰스 웹스터는 베이컨과 코메니우스의 세계를 훌륭하게 묘사하면서, 극단적인 청교도 활동가들이 그런 철학의 동기를 제공한 셈이라고 지적했다. 청교도 활동가들은 새로운 과학이 잉글랜드를 닥쳐오는 새 천년기에 앞장설 국가로 만드는, 즉 다니엘서 12장 4절의 예언대로 "많은 사람이 빨리 왕래하며 지식을 더하는" 곳으로 만들 수단으로 여겼다. 베이컨의 『위대한 부흥 *Great Instauration*』의 1620년 판본에, 한때 세상의 끝이라 여겼던 지브롤터 해협을 수많은 배들이 자유롭게 오가는 삽화가 실린 것은 우연이 아니다. 헤라클레스의 기둥 너머로 보이는 광대한 바다에는, 그리고 그 너머에는, 언제나 그 이상이, '플루스 울트라'가 있는 것이다. 새뮤얼 하틀립은 요한 아모스 코메니우스에게 보낸 편지에서 잉글랜드로 건너오라고 종용하며 이렇게 썼다. "얼른, 얼른 이리 오시오. 주의 종들이 한곳에 모여 기름부음을 받으신 분(메시아)을 맞이할 만찬의 식탁을 차릴 때가 되었소." 과학과 실용기술의 발전이야말로 이 만찬 준비에서 가장 중요한 요소였던 것이다.

웹스터의 책에서 얻을 수 있는 가장 큰 교훈은—전통적인 교육을 받아온 사람들에게는 자못 놀라운 일이겠지만—현대 과학의 근원에는 보통 생각하는 것보다 훨씬 종교적인, 심지어 글자 그대로 성서 중심주의적인 사상이 깊이 뿌리내려 있다는 것이다. 웹스터가 주로 다룬 1626년에서 1660년까지의 시대는 지적인 측면에서 볼 때 현대 세계에서 가장 흥미롭고 생기 넘치며, 동시에 온갖 원대한 꿈과 희망으로 가득한 시대였다. 당대의 과학은 성직에 종사하는 남성이 독점하고 있었으며, 그런 이들의 직업적 출세는 많은 부분에서 청교도의 후원에 달려 있었다.

베이컨이 새로운 철학의 '나팔수'를 자임하기는 했지만, 그의 사고방식의 많은 부분은 중세 또는 그보다 훨씬 오래된 규격에 붙들려 있었다(파울로 로시 교수는 그를 "근대의 꿈에 사로잡힌 중세 철학자"라고 불렀다). 그리고 그의 과학적 방법론이 제대로 작동하지 않았음에도, 아니 아예 작동이 불가능했음에도 불구하고, 베이컨의 저작은 당대 독자들의 영감에 불을 붙였다. 그리고 오늘날의 독자들에게도 여전히 그런 역할을 할 수 있다. 그는 여전히 과학의 가장 위대한 대변인이며, 가장 위대한 사도다. 오늘날의 우리도 베이컨과 코메니우스의 저작을 읽을 때면 근대의 시작을 선포한 순간의 희열과 숨 막히는 흥분을 고스란히 느낄 수 있다.

메시아로서의 과학이라는 개념의 형성을 도운 두 번째의 위대한 사상적 운동은, 사실 환희보다는 진정으로 경탄할 만한 자기만족과 자존심으로 장식되었다고 칭해야 할 것이다. 그 운동을 우리는 '계몽'이라 부른다. 계몽의 가장 열정적인 대변인인 콩도르세가 보기에, 진보란 역사의 필연이었다. 그의 말에 따르면, '유럽에서 가장 계몽된 국가'에 사는 인류의 상태를 보면 철학(즉 과학)에는 "이제 추측할 것도, 가상의 조합을 상상할 필요도 남지 않았다. 이제 남은 것은 사실을 수집해 나열하고, 그 전체 모습이나 부분을 다양하게 연결하는 과정에서 드러나는 유용한 진실을 갈무리하는 것뿐이다." 그는 자연법칙의 불변성이 진보를 담보한다고 여겼다. 콩도르세는 이에 따라 이러한 진보가 "자칫 키메라처럼 보이겠지만, 천천히 가능성을 넓힐 뿐만 아니라 갈수록 손쉽게 만들고 있다"라는 점과 "편견이 일시적으로 성공을 거둘지라도, 그리고 정부 또는 대중의 타락이 지원할지라도, 결국 진실이 항구적인 승리를 거두게 될 것"임을 증명하는 것을 자신의 소임으로 삼았다. 그는 계속해서 자연이 "지식의 발전과 자유, 도덕, 천부인권에 대한 존중을 도저히 분리할 수 없도록 하나로 묶었다"라고 설파했다.

그가 과학의 발전을 통한 진보의 필연성을 차분히 확신하는 모습을 보면 여전히 경외심이 느껴진다. 콩도르세처럼 순수한 희망을 지닌 사람이라면 당연히 혁명가들의 적의를 피할 수 없었을 것이고, 실제로 피하려 하지도 않았다. 내가 인용한 글은 그의 사후에 적들의 손에서 출판된 내용을 근래에 번역한 것이다.

과학자라는 계급 자체는 합리주의자일 수밖에 없다. 적어도 무조건적으로 이성의 필요성을 믿는다는 한정적인 의미에서는 그렇다. 그런 관점을 배격했다고 매도당한 과학자는 당연히 깜짝 놀라며 모욕당했다고 생각할 것이다. 합리주의에는 당연하게도 현대적인 비이성주의와 싸우겠다는 함의가 포함된다. 비이성주의란 단순히 (최근 유행하는 염동력인) 숟가락을 구부리는 묘기나 그것과 철학적으로 동급의 것들만을 가리키는 것이 아니라, 지금까지 세계의 모든 위대한 사상가를 만족시켜온 따분한 논리 대신 '거창한' 지적 행위를 끌어들이는 것들도 포함된다. 교세가 큰 반과학 운동 중에는 동방의 지혜와 신비주의 신학까지 끌어들이는 사교도 있다. 조지 캠벨은 이런 것들이 전능하신 주님께 바치는 희생양과 같은 것이라 말했다. 산제물을 바칠 때 목숨을 빼앗는 것처럼, 이런 제물을 바칠 때는 판단력을 빼앗는 것이다.

그러나 젊은 과학자는 이성의 필요조건과 충분조건으로서의 역할을 착각하고픈 유혹에 빠져서는 곤란하다. 합리주의는 종종 사람들이 흔히 묻는 단순하고 유아적인 질문에 답하지 못한다. 근원이나 목적에 대한 질문은 비질문이나 유사질문 취급을 받아서 경멸과 함께 무시당하기 일쑤지만, 사실 질문자들은 질문의 뜻을 명확히 이해하며 그에 대한 답변을 갈망하고 있다. 진단하거나 치료할 수 없는 질병을 마주한 실력 없는 의사들의 경우처럼, 이런 부류의 질문은 합리주의자에게 지적 고통을 주기 때문에, 합리주의자들은 이런 질문을 '상상의 범주'로 치부해 버리기 일쑤다. 합리주의는 이런 단순한 질문에 대한 답변을 제공할 수 없다. 합리주의란 그런 질문을 고찰하려는 시도 자체를 꾸짖는 것이기 때문이다.

과학적 물질주의의 해석

약학이나 농학의 발전이나 생산 공정의 향상에 매진하는 과학자는 물질적 진보의 첨병 취급을 받으며, 종종 실제로도 그렇다. 이런 사람들은 서로 다른 두 가지 이유에서 못마땅한 눈빛을 받는다. 그중 하나는 저급한 비판에서 흔히 찾아볼 수 있는 상투적인 표현을 빌리자면, 물질적 풍요는 영혼의 빈곤으로 이어진다고 생각하는 사람들이 있기 때문이다. 그리고 다른 하나는 훨씬 중요한 문제인데, 물질적 진보가 오늘날 인류를 괴롭히는 주요한 병증을 치유해 주리라 확신할 수 없다는 것이다.

진보라는 개념을 조롱하는 사람들이야말로 물질적 풍요가 영혼의 빈곤으로 이어진다는 착상을 가장 즐겨 사용한다. 그러나 이런 사람들은, 또는 진보의 '진정한' 의미를 찾느라 고통스러운 혼란을 겪다가 아예 논쟁을 포기한 이들은, 어쩌면 숨은 신도일지도 모른다. 진심으로 훌륭한 배수로보다 고약한 배수로를 선호하는 사람은 얼마 되지 않을 것이다. 물론 브라이언 매지가 지적했듯이,* 런던의 〈타임스〉지는 한때 명확하게 전자를 선호하는 태도를 보이기는 했다. 〈타임스〉에서는 런던 시민의 건강을 염려해 제대로 하수도를 정비하려 애쓴 에드윈 채드윅을 격렬하게 비판했다. 이 신문이 시대를 관통해 울려 퍼지는 반과학주의의 목소리로 단호하게 주장한 바에 따르면, 런던 시민들은 "채드윅 씨와 그 동료들의 강압에 따라 건강해지느니 차라리 콜레라를 비롯한 여러 질병에 운을 걸어보리라"라는 것이었다. 아이러니하게도 그렇게 운을 걸게 된 사람 중에는 과학 진보의 신봉자였던 앨버트 대공도 있었다. 대공이 장티푸스로 목숨을 잃었을 때, 윈저성에 있는 스무 개의 오수 구덩이는 모두 가득 차서 흘러넘치는 상태였다.

---

* 브라이언 매지, 『2천 년을 향하여』(런던: 맥도널드, 1965).

에드윈 채드윅을 깎아내린 〈타임스〉지의 정신은 여전히 횡행하고 있다. 미국 지방정부의 시장이 수돗물에 불소를 섞는 것을 거부하거나 영국의 저명인사가 실효성에 의문을 표하거나 대놓고 몸에 해롭다고 주장할 때마다, 충치의 신 갭투스가 거주하는 올림포스 산의 한쪽 구석에서는 박수와 환호성이 울려 퍼진다.

우리는 다시 한번 필요조건과 충분조건의 차이를 판별해야 한다. 인간의 영혼이 지닌 가능성이 만개하는 데 훌륭한 배수로, 빠른 통신 수단, 건강한 치아가 반드시 필요한 것은 아니지만, 도움이 된다는 것은 분명하다. 가난, 궁핍, 질병에 창의성으로 연결되는 요소는 조금도 존재하지 않는다. 그런 감상적인 헛소리에는 절대 현혹되지 말도록 하자. 전성기의 피렌체는 거대한 상업 및 금융 중심지였다. 튜더 왕조의 잉글랜드는 북적이고 번영하는 나라였다. 예술이 역경 속에서 꽃핀다는 증거를 찾아 렘브란트의 암스테르담으로 시선을 돌려도 결국 헛수고로 돌아갈 뿐이다. 이런 끔찍하도록 어리석은 소리는 물론 자주 들을 수 있는 것은 아니다. 그러나 과학과 산업의 생산품 때문인지 아니면 절약 정신과 훌륭한 집안 살림 때문인지는 몰라도, 번영과 물질적 편안함이 스위스를 영감이 메마른 곳으로 만들었다는 이야기는 분명 들어 본 적이 있다.

모든 것을 아는 목소리는 그에 이어, 스위스가 문명인의 삶에 끼친 영향이라고는 뻐꾸기시계밖에 없다고 선언한다. 스위스가 다국적 공동체로서 평화를 유지할 수 있다는 사실을 증명해 보였다는 점이나, 그 관용과 친절함 덕분에 철학자와 과학자와 문필가와 폭정에서 도망친 망명자들의 안식처가 되었다는 사실은 언급하지 않는다.

과학이 이룩한 물질적 진보의 적절성에 대한 제대로 된 공격을 찾으려면, 오류로 가득한 원죄론에 상응하는 현대적인 교리라 할 수 있는 근원적 미덕론을 살펴봐야 할 것이다. 이런 교리에서는 식량, 온기, 거처를 제공하고 고통에서 해방해 주는 것만으로 인간의 근본적 선함이 드러나리라고 주장한다. 모든 인간이 평화롭고, 서로를 사랑하고, 서로 도우며, 공공의 번영을 위해 협력하는 이들이 된다는 것이다. 아이들에게 사랑과 온기를 주고 보호해 주면, 아이들은 사랑받고 사랑할 줄 알고, 이타적이고 외향적이며, 장난감과 기타 소유물을 친구들과 공유하고, 그 순간과 그 이후로도 무엇이 최선인지를 직관적으로 깨닫는 감각을 형성한다는 논리다. 경험 없는 교사나 젊은 부모들은, 종종 아이들이 가장 적절한 행동이나 먹거리뿐 아니라 배워야 할 것과 배우지 말아야 할 것까지도 분별할 수 있다고 믿고는 한다. 게다가 단호하게 권위를 행사하면 아이들의 창의

력과 순진무구한 관찰력을 앗아간다고 생각하는 심각한 실수
마저 저지른다.

나는 이런 근원적 미덕의 교리가 아직 정식으로 논박된 적
은 없다고 생각한다. 그러나 이를 진실이라 믿어봤자 분명 거
의 아무런 이점도 얻어낼 수 없을 것이다. 어쩌면 인간이 이런
덕성을 가지고 있다고 믿고 싶은 것이야말로, 인간의 사랑스러
운 본성이라 불러야 할지도 모르겠다.

과학의 사회 개량주의: 과학의 현실적인 야망

만약 근원적 미덕의 교리가 진실이라면, 과학의 메시아주의
에 숨은 야심도 나름의 타당성을 가지고 있다고 해야 할 것이
다. 언젠가 과학이 인간의 자연적 본성이 드러나는 환경을 조
성할 수도 있기 때문이다. 그러나 여기서는, 과학자가 과학에
대해 품을 수 있는 비교적 작은 야심에 대해 논의해 보기로 하
자.

젊은 과학자 중에는 그들이 사랑하는 과학이라는 학문이 인
류 전체의 개선으로 이어지는 사회 변혁의 도구가 되기를 희
망하는 이들이 많다. 바로 그 때문에, 이들은 정치가 중에서 과
학적 훈련을 받거나 과학의 약속과 업적을 이해하는 사람이
거의 없다는 사실을 애통하게 여긴다. 그러나 그들의 애통함은

세계가 마주하는 가장 화급한 문제에 대한 근본적인 몰이해를 드러내 보일 뿐이다. 이를테면 인구 포화나 다민족 사회에서의 조화로운 공존 같은 문제 말이다. 이런 문제는 과학의 분야도 아니고, 과학적 해법으로 해결할 수도 없다. 물론 그렇다고 해서 과학자가 충격에 빠진 방관자가 되어 온갖 사건이나 여러 국가를, 그리고 궁극적으로는 인류를 위험에 처하게 만드는 정치 성향을 방조해야 한다는 뜻은 아니다. 과학자는 과학자로서 이런 여러 문제의 해법에 기여할 수 있으며 기여해야만 한다. 그러나 명확한 해법은 이번 천년기 안에는 도달할 수 없을 것이다.

인구 포화를 예로 들어보자. 과학자들은 무해하고 사회적으로 용인되는 산아 제한 방법을 고안하려 시도할 수 있다. 생물의 생리학 및 행동학적 특성의 상당수가 종의 전파를 목적으로 삼는다는 사실을 고려하면, 결코 쉬운 일은 아닐 것이다. 게다가 설령 이 분야에서 과학이 성공을 거둔다 해도, 과학자들로서는 그 피임법을 전파하는 데 필요한 정치적, 행정적, 교육적 문제를 해결할 수가 없을 것이다. 피임법이 필요한 사람들은 교육용 소책자를 읽지 못하거나, 주의 사항을 따르는 일에 익숙지 않거나, 심지어 최대한 많은 자식을 가지고 싶을 수도 있기 때문이다.

다민족 사회의 긴장에 대해서는 과학자가 무엇을 할 수 있을까? 여기서 그의 역할은 정치적이라기보다는 비판적인 쪽이 될 것이다. 인종주의의 터무니없는 허위를 만천하에 드러내고, 사악한 프랜시스 골턴 경의 저술에서 피어난 우생학적 엘리트주의라는 헛소리를 배격할 수도 있을 것이다. 그런 행위로 인종 문제에서 잘못을 저지르는 정치가들이 과학을 이용해서 자신들의 악행을 정당화하거나 용납하도록 만들려는 시도를 멈추게 할 수 있을지도 모른다. 다른 말로 하자면, 인간사의 개량을 위해 과학자는 셀 수 없을 정도로 다양한 일을 시도할 수 있다는 것이다.

많은 과학자는 사회 역학이나 비판이 과학자와 과학이 현실에 가지는 위상을 저해한다고 생각한다. 그러나 이는 야비한 감상일 뿐이다. 지나치게 허세를 부리거나 과학이 실제 역량 이상의 효용성을 가진다고 주장하는 행위는 과학의 영향력을 감소시키는 결과를 가져올 것이다.

내가 생각하는 과학자의 역할은 '과학의 사회 개량주의자'라 칭할 수 있을 것이다. 사회 개량주의자란 단순히 인간의 현명한 선택으로 세상이 더 나은 곳이 될 수 있다고 믿는 사람을 가리키는 용어일 뿐이다("그런데 더 나은 곳이란 게 정확하게 무슨 의미인 거요?" 이런 식의 논의가 끝없이 이어지겠지만). 그리고 사회 개량주의자는 자신이 그런 선택을 내릴 수 있다고 믿는다. 입법자와 행정 관료는 천성적으로 사회 개량주의자이며, 그런 신념은 이들의 개인적 존재 이유에서 중요한 부분을 차지한다. 이런 이들은 부족한 부분을 판별하고 그런 부분을 바로잡는 것이야말로 진보를 이룩하는 가장 쉬운 방법이라는 사실을 잘 알고 있다. 즉, 사회 전체의 변혁이나 전체 법체계를 새로 쓰는 것보다는 편하다는 말이다. 사회 개량주의자는 비교적 겸손하고 선량하게 행동하려는 경향을 보이며, 자신이 선한 결과물을 얻어냈다는 사실을 확인하면 만족한다. 현명한 과학자에게는 이 정도면 충분한 야망이 될 것이며, 이런 행위는 어떻게 보아도 과학의 영향력을 떨어트리는 것이라고는 볼 수 없다. 세계에서 가장 오래되고 유명한 과학 단체가 제창한 목적도, 딱히 더 대단할 것 없는 "자연의 지식을 증진하는"것뿐이기 때문이다.

내가 앞에서 든 두 가지 예시에서, 과학자들은 의식적으로 실용적인, 또는 '유의미한' 노력을 보인다. 그러나 굳이 잘못된 표현을 사용하자면, '순수' 연구에만 매진하는 수많은 과학자의 경우에는 어떨까? 그들은 어디서 만족감을 얻어야 할까? 지식의 증진 그 자체를 제외하면 어디서도 얻을 수 없을 것이다.

요한 아모스 코메니우스는 이들 모두를 대변하는 말을 남겼다. 그는 자신의 책 『비아 루시스*Via Lucis*』*를 자연 지식의 증진에 힘썼다는 이유에서 ("그대 저명한 신사들의 영웅적인 노력에 축복 있으라!") 런던 왕립학회에 헌정했다. 그는 왕립학회가 완벽을 향해 갈고 닦아온 철학이야말로 "정신과 육체와 (흔히 말하는) 생활에 도움이 되는 모든 요소의 점진적 증대를 가져올 것"이라 생각했다. 코메니우스 본인의 야심 또한 그 규모와 뻔뻔함이 감동적이고 숨이 막힐 정도였다. 그는 '판소피아pansophia'를 향해 노력했다. 즉 "인간의 모든 지식에 단 하나의 일관성을 부여하는" '범지학'을 노린 것이다. 그리고 그 목적이란 "만방의 모든 인류의 모든 인간사를 증진하는 것"이었다. 그렇게 거대한 희망을 품을 수 있는 성정을 가진 이들이라면, 코메니우스의 신념에 동참해 보는 것도 나쁘지 않을 것이다. "모든 인간의 공공선을 위해 취득하고 적용할 수 있는" 보편적 지식의 추구야말로 진정한 '비아 루시스', 즉 빛의 길이라 부를 수 있기 때문이다.

---

* E. T. 캄파냑이 번역했을 당시 『비아 루시스』(1668)는 이미 세상에 몇 부 남지 않은 상태였다. 여기 인용한 문장은 그의 번역에서 따온 것이다. (런던: 리버풀 유니버시티 프레스, 1938)

옮긴이의 말

    피터 브라이언 메더워 경은 1915년 리우데자네이루에서 영국인 어머니와 레바논계 사업가인 아버지 사이에서 태어났다. 아버지가 결혼 이전에 영국에 귀화해 국적을 취득했기 때문에, 피터 또한 출생과 함께 영국 국적을 취득했다. 따라서 그는 수많은 옥스퍼드의 선배들처럼 타지에서 출생한 영국인이자, 동시에 수많은 옥스퍼드의 후배들처럼 타국 출신의 이방인이었던 셈이다. 1차 대전이 끝나갈 무렵 메더워의 가족은 영국으로 돌아왔고, 그의 교육은 기숙학교를 전전한다는 지극히 영국적인 방식으로 이루어졌다. 학창 시절 고립된 이방인으로 보낸 경험은 훗날 영국식 속물주의에 대한 혐오로 이어지기도 했다.

말버러 칼리지에서 '4년의 끔찍한 시간'을 보내고 1932년 옥스퍼드의 모들린 칼리지로 옮겨간 것도 이런 속물주의를 견디지 못했기 때문이었다. 메더워는 모들린 칼리지에서 동물학을 전공하며, 신경생물학의 개척자 J. Z. 영에게 수학했다. 본문에서는 상당한 세대 차이가 존재하는 것처럼 그려지고 있지만, 사실 영은 메더워보다 고작 여덟 살 많을 뿐이었다. 당시 옥스퍼드와 영국 과학계 전반이 얼마나 빠른 속도로 변화하고 있었는지를 알려주는 예시라 할 수 있을 것이다. C. S. 루이스 또한 같은 시기에 모들린 칼리지의 펠로였으며, 신학과 자연의 문제를 놓고 영과 토론을 벌이기도 했다.

1936년 최우등 성적으로 졸업한 메더워는, 페니실린의 개발자로서 훗날 노벨생리의학상을 수상한 하워드 플로리 경이 이끈 병리학 연구소에 대학원생으로 들어간다. 메더워는 플로리의 지도를 받으며 두 가지 소득을 올리게 되는데, 하나는 훗날 그에게 노벨상을 안겨준 면역학에 대한 관심이었고, 다른 하나는 평생의 반려가 된 진 테일러였다. 그녀 또한 학사 학위를 취득한 후 플로리 휘하에서 연구원으로 근무하고 있었고, 두 사람은 1937년에 결혼식을 올린다. 박사 학위 논문은 (플로리에게 '이건 과학보다는 차라리 철학 논문에 가깝군'이라는 평가를 받으며) 1941년에 심사를 통과하지만, 맹장염 수술로 급전이 필요해지자 학위 취득을 미루었고, 결국 학위를 받은 것은 1947년이 되어서였다. 물론 그가 본문에서 자신 있게 말하는 대로, 그 이전부터 모들린 칼리지의 펠로로 선출되었으니 연구에 별다른 지장은 없었을 것이다.

메더워가 면역내성(immune tolerance; 또는 면역관용)의 연구를 시작하게 된 계기에 대해서는 하나의 전설이 전해져 내려온다. 2차 대전이 한창이던 1940년, 공군 항공기 한 대가 집 근처에 불시착했고, 그는 심한 화상에 시달리는 승무원을 도우려 애쓰다가 피부 이식의 필요성에 대해 절감하게 되었다는 것이다. 이 전설의 진실 여부는 알 도리가 없지만, 적어도 전쟁 부상자가 계기가 된 것만은 사실일 것이다. 당시 그가 의학연구회의(MRC)의 부상병 위원회에 피부 동종이식에 대한 보고서를 제출한 기록이 남아 있기 때문이다. 이어 1941년에는 〈네이처〉지에 피부 이식에 대한 첫 논문을 발표한다.

1953년, 메더워는 후천적 면역내성acquired immunology tolerance에 대한 동물실험 결과를 논문으로 발표한다. 생쥐와 닭의 배아 상태에서 조직을 이식해서 키메라를 만들면 면역반응이 일어나지 않으며, 따라서 면역이란 발생 이후에 획득하는 형질이라는 점을 증명한 것이었다. 버넷의 가설을 완벽히 입증하는 결과였고, 그는 이 연구로 버넷과 함께 1960년 노벨생리의학상을 수상한다. 그의 연구는 뒤이은 세포면역학과 장기 이식 연구의 초석이 되었다.

메더워는 1947년 버밍엄 대학의 교수직을 수락하고, 1949년에는 런던 왕립학회의 펠로 자격을 얻는다. 1951년에는 런던 유니버시티 칼리지의 동물학 교수직을 맡아서, 이후 1962년 국립의학연구소의 소장직을 맡을 때까지 그곳에 머무른다. 국립의학연구소는 메더워의 지휘하에 황금기를 맞이하는데, 당시 근무하던 한 연구원은 '전 세계의 면역학자, 세포생물학자, 생화학자, 기생충학자, 미생물학자들이 몰려들어 서로의 연구실을 오가며 활발한 토론과 의견교환과 해석이 벌어지던' 모습을 회고하기도 했다. 메더워는 연구소의 행정뿐 아니라 연구에 직접 참여하고 연구원들의 사교활동까지 주선하며 다방면으로 활발하게 활동한다. 여기에 대중을 겨냥한 과학서 및 과학철학서를 꾸준히 집필하기도 한다. 실로 자신이 본문에서 설명한 과학계의 모든 직종을 동시에 수행했다고 할 수 있을 것이다. 이내 그는 영국에서 가장 영향력 있는 과학자 중 한 명으로 꼽히기에 이른다.

그러나 이내 불행이 그를 찾아온다. 1969년, 엑서터 대성당에서 영국 학술원 연설을 하던 도중 심한 뇌졸중 발작을 일으키며 쓰러져 버린 것이다. 55세라는 비교적 젊은 나이에 맞이

한 재난이었다. 회복은 상당히 빠른 편이었으나, 이후 그는 남은 평생을 장애에 시달린다. 다행히 걸음을 옮길 수는 있었으나, 시야의 왼쪽 절반이 사라지고, 왼팔은 마비되고, 대화에도 어려움을 겪었다. 그는 재활이 끝난 후 비서와 아내의 도움을 받아 업무에 복귀하지만, 결국 1971년에 국립의학연구소의 소장직을 내려놓게 된다. 이후 그는 신설된 의학연구회 임상연구센터(CRC)로 연구실을 옮겨 연구 및 집필 활동을 이어갔지만, 예전에 비하면 규모는 상당히 줄어든 편이었다. 책 본문에 종종 등장하는 자신의 '특수한 상황'이란 이런 고난을 일컫는 것이다.

1987년, 재발한 뇌출혈로 쓰러진 메더워는 런던 햄스티드의 자택 근처인 왕립 무상병원으로 이송되고, 그곳에서 72세의 나이로 숨을 거두었다.

『젊은 과학자에게』가 처음 한국어로 번역된 지도 거의 30년이 지났다. 당연하다면 당연한 소리지만, 이 책 또한 과학도를 위한 실용서나 대중과학서로서의 비중은 줄어들고, 과학철학과 인문학 서적으로서의 비중은 그에 비례해 커졌으리라 생각한다. 연구자로서의 길을 고려해 본 적이 있는 사람들이라면 (그중에서도 현대의 생명과학 연구실을 들여다 본 사람들이라면), 강직하고 선의로 가득하면서도 살짝 시대착오적인 구석이 있는, 자못 낭만적인 조언에 훈훈한 웃음을 머금을 수밖에 없을 것이다. 반면 베이컨이나 요한 아모스 코메니우스, 또는 〈햄릿〉의 등장인물인 폴로니어스는 애당초 한국의 과학도에 미치는 영향이 별로 크지 않았으니 딱히 줄어들 여지조차 없지 않을까 싶다.

현재의 과학도에게 있어 가장 흥미로운 부분은 아무래도 쿤과 포퍼의 논쟁을 암시하는 11장일 것이다. 여러 서술에서 또렷이 드러나 보이듯이, 메더워는 포퍼의 열렬한 지지자였다. 따라서 1959년 C. P. 스노가 제창한 '두 문화' 논쟁, 즉 과학과 인문학 사이의 의사소통 단절이 세계 문제 해결의 걸림돌이 아니겠느냐는 논쟁에 뛰어들어, 포퍼의 관점으로 과학적 방법론을 해석하며 스노의 편에 선 것은, 그리고 훗날 포퍼의 진영에서 쿤을 비판한 것은 그리 이상한 일은 아닐 것이다.

메더워는 1945년에 『열린사회와 그 적들』을 통해서 포퍼를 처음 접했다. 그는 포퍼가 묘사하는 '열린사회'에서 인간의 비판적 능력이 모든 구속에서 해방되어 잠재된 다양성을 발휘하는 세계를 읽어냈다. 1946년, 메더워는 옥스퍼드의 이론생물학 클럽에 포퍼를 초대하여 처음으로 대화를 나누고, 사회과학에서 포퍼의 위치가 자연과학에서 데이비드 흄의 위치와 동등

할 것이라는 판단을 내리기에 이른다. 1949년의 왕립학회 선출 연설과 1960년의 노벨상 수상 연설 양쪽 모두에서 포퍼를 언급하는 것을 보면, 그와 포퍼가 얼마나 긴밀한 관계였는지를 짐작할 수 있다.

물론 메더워가 맹목적인 포퍼의 추종자였다는 뜻은 아니다. 그의 관심은 현장 과학자로서의 경험을 포퍼의 방법론에 따라 정리하고, 과학과 인문학의 화해를 이끌어 보다 나은 미래에 기여하는 측면에 맞춰져 있었다. 그리고 과학자이자 동시에 문필가라는, 당시까지만 해도 상당히 드물었던 직종에 종사하던 그였기 때문에, 그의 견해는 '두 문화' 논쟁과 그 뒤를 이은 여러 토론과 시도에서 독특한 무게감을 지니게 되었다.

쿤의 이론에 대해 그가 표하는 반감도 이런 측면에서 고려해 봐야 할 것이다. 다른 무엇보다, 그는 현장 과학자의 입장에서 쿤의 이론이 과학자에 대한 새로운 오해를 불러일으킬지도 모른다고 두려워했다. 그리고 그의 이런 태도는 다음 세대의 과학자들 사이에서는 상당한 비판을 받았다. 예를 들어, 신경화학자이자 '급진 과학 운동'의 기수인 스티븐 로즈는 메더워를 다음과 같이 비판했다.

메더워는 자신의 철학적 체계를 1밀리미터도 움직이려 하지 않았다. 과학 기관과 국가의 관계는 분명 변화했으며, 급진적인 비평가들은 과학이 사회 억압의 도구가 되었다고 비판한다. 그리고 쿤과 파이어아벤트와 지식의 사회학이 휩쓸고 지나가며 과학의 방법론은 난도질당해 버렸다. 피터 경은 이 모든 것에 무지한 채로, 당당하게 칼을 뽑아들고 과학과 비과학의 최전선에 파수꾼처럼 버티고 서 있다. 마치 1950년대의 철학적 경험 형성기에 카를 포퍼를 발견한 것만으로 모든 진실이 온전하게 밝혀진 것처럼 말이다. (「이론의 유행에 관하여」, 〈뉴 스테이츠맨〉 1984년 2월호)

구시대의 선량하지만 고루한 기사처럼 묘사한 것은 조금 지나칠지도 모르지만, 비판 자체는 분명 유효하다 할 수 있을 것이다. 과학적 방법론에 대한 그의 견해를 받아들일 때 비판적 수용이 필요한 이유이기도 하다.

마지막으로 왓슨과 『이중나선』에 대한 그의 평가를 살펴보자. 제임스 왓슨은 오늘날의 과학도에게도 흥미로운 이야깃거리다. 물론 인종차별 발언 때문에 과학계의 '페르소나 논 그라타'가 되기 한참 전이기는 했지만, 그는 로잘린드 프랭클린의 연구 성과 도용, 다양한 성차별 발언, 동료 연구자에 대한 험

담, 『이중나선』에서 시도한 자기변명 등으로 당대에도 상당한 비판을 받았다. 그러나 메더워는 이런 온갖 비판을 정면에서 비판하는 것을 피하려는 듯 보인다.

「운 좋은 짐」을 비롯하여 왓슨과 『이중나선』을 묘사한 여러 글을 보면, 메더워가 이 경솔한 후학에게 애정을 품고 있었음은 분명해 보인다. 때로는 다른 연구자들을 깎아내리는 태도조차도 '미국인다운' 치기 어린 활력의 탓으로 넘겨 버리기도 한다. 물론 여기에는 생명과학의 지형도를 통째로 바꾼 위대한 발견에 대한 경의도 영향을 미쳤을 것이다. 항상 새로운 가설을 내놓는 '이방인' 왓슨과 천성적으로 회의론자인 '영국인' 크릭이라는 구도가, 메더워가 생각하는 '과학적 방법론'에 너무 완벽하게 들어맞는다는 이유도 있을지 모른다. 그리고 다른 무엇보다, 대중 과학서의 새로운 지평을 열었다 할 수 있는 『이중나선』이라는 베스트셀러에 대한 평가도 영향을 끼쳤으리라 생각한다.

그러나 『이중나선』에 대한 변호가 과학자의 윤리성에 대한 논지를 희석한다는 사실만은 피할 도리가 없을 것이다. 여기서는 그저 메더워가 '젊은 치기에 저지른 잘못'이었다는 왓슨의 사과를 어느 정도는 받아들였고, 당시 과학계의 윤리가 현대의 그것과 비교하면 한참 부족했으며, 그가 왓슨이 인생의 황혼기

에 누린 영예와 오욕을 미처 보지 못하고 세상을 떠났다는 점
을 변명으로 삼아보도록 하자.

그러나 이 정도의 비판으로는 메더워가 면역학의 선구자로
서, 국립의학연구소의 기틀을 마련한 행정가로서, 그리고 뛰어
난 과학 저술가로서 남긴 업적을 가릴 수는 없을 것이다. 런던
의 왕립학회에서는 1986년부터 메더워의 이름을 딴 과학철학
강연을 진행했고, 첫 강연을 장식한 사람은 다름 아닌 카를 포
퍼 본인이었다. 영국 이식학회에서는 뛰어난 임상연구자에게
매년 메더워 메달을 수여한다. 그리고 옥스퍼드 출신의 후학이
며 현재 가장 영향력 있는 과학 저술가인 리처드 도킨스는 메
더워를 20세기 과학계의 영웅 중 하나로, '현대 세계에서 가장
뛰어난 과학의 대변인'으로 여겼다. 심지어 같은 과학 저술가
로서 이런 평가를 남기기도 했다.

"피터 메더워는 20세기의 가장 뛰어난 과학 에세이스트다.
감히 그를 모방하겠다는 주제넘은 열망을 품은 것은 아니지만,
내 문체가 메더워의 산문에서 보이는 귀족적인 태평한 태도의,
책을 붙들고 길거리로 뛰쳐나가 누구든 붙들고 보여주고 싶어
지는 위트의 영향을 받았으리라는 점은 충분히 확신하고 있
다."

그리고 다른 무엇보다, 이 책 속에는 과학이라는 학문과 동료 과학자들에 대한 사랑과 경외가 곳곳에 흘러넘치고 있다. 과학도라면 누구나 이 책에서 선배 과학자의 배려와 애정을, 그리고 보다 오래된 전통의 일부가 된다는 고양감을 느낄 수 있으리라 생각한다. 이야말로 시대의 변화와 무관하게, 한 사람의 과학자로서 그가 후학에게 전해주고자 했던 격려이자 조언이라 할 수 있지 않을까.

옮긴이 | 조호근

서울대학교 생명과학부를 졸업하고 과학서 및 SF, 판타지, 호러 등 장르소설 번역을
주로 해왔다. 옮긴 책으로 『다이어트 신화』, 『밤의 언어』, 『레이 브래드버리』, 『마이너
리티 리포트』, 『소호의 달』, 『에일리언』, 『아마겟돈』, 『제임스 그레이엄 밸러드』, 『하인
라인 판타지』, 『더블 스타』, 『물리는 어떻게 진화했는가』, 『진흙밭의 오르페우스』, 『생
명창조자의 율법』, 『시월의 저택』, 『물리와 철학』 등이 있다.

젊은 과학자에게

초판 1쇄 발행 2020년 1월 31일

지은이 피터 메더워
옮긴이 조호근

펴낸곳 서커스출판상회
주소 서울 마포구 월드컵북로 400 5층 24호(상암동, 문화콘텐츠센터)
전화번호 02-3153-1311
팩스 02-3153-2903
전자우편 rigolo@hanmail.net
출판등록 2015년 1월 2일(제2015-000002호)

© 서커스, 2020

ISBN 979-11-87295-43-3 03400

이 도서의 국립중앙도서관 출판예정도서목록(CIP)은 서지정보유통지원시스템 홈페이지(http://seoji.nl.go.kr
국가자료공동목록시스템(http://www.nl.go.kr/kolisnet)에서 이용하실 수 있습니다.
(CIP제어번호: CIP2019053111)